自然農と漢方と
いのちに添って

川口由一
kawaguchi yoshikazu

言視舎

目次

第三章　「気づき」から「智恵」へ

生命《いのち》は、生命自《おの》ずから我が生命を生きて、
今日も休まず、違えず……
生命は生命自ずから我が生命の実行、実現
黙してひたすら明日も生きて終わることなく……
生命はいつも生命
宇宙は生命、全てが生命
あなたも生命、私も生命
今日もひたすら生きるあなたの生命、私の生命……

一九九二年八月　川口由一

稲の開花

自然農と漢方と　いのちに添って

第一章

自然の法に添った農

自然農に出会うまで

僕は奈良県桜井市で専業農家の長男として生まれ育ちました。[1]

でも、父が亡くなるまでは、田植えと収穫の時以外はほとんど農業を手伝うことはありませんでした。父親は僕が十二歳の時に亡くなっていますが、そんなに広い田畑ではありませんでしたから、なんとかなっていたんだと思います。

父母もあまり「手伝え」とは言いませんでした。小さい時は要領がわからなくてうまく道具が使えませんし、重労働でしたから、手伝うのは嫌いでした。

中学を卒業する時、進学したい気持ちもありましたが、父親が亡くなっていますし長男でしたので、仕方なく農業を引き継ぎました。[2] でもどうしても勉強したくて、NHKの高校通信講座を受けました。その目的は定かではなかったのですが、勉強がしたかったのです。

僕はなぜか学校が好きでした。というよりは勉強が好きだったんです。けれど、身体が弱いほうでしたので昼間働くと疲れてしまって、思うように勉強が進みません。やっぱり学校へいかなきゃだめかなと思い、一年後に定時制の学校を受けました。

既成の農業が当たり前だったように、既成の教育も教育制度も当たり前に思って、自《みず》ら選《か》んで行きました。農業は嫌いでしたが、なんとか農業をやっていかなければとの思いで農業科へ行きました。

ところが、学校へ行っても思っていた勉強が全然できません。おもしろくないんです。それで普通科に移ったんですが、やっぱりおもしろくありませんでした。

昼間は農業をしていましたから、疲れが重なったり、農薬のために高熱が出るとか吐くとか下痢をするとか、神経衰弱も始まっていましたし、心身が疲れていたのもあ

（1）一九三九（昭和十四）年生まれ。この当時の農業は、まだ機械化が進んでおらず、鍬《くわ》、鋤《すき》、鎌《かま》を用いた手作業が多かった。

（2）一九五五（昭和三十）年より農業を継ぎ従事する。一九六〇—一九六五（昭和三十五—四十）年頃から耕運機などが広く用いられるようになり、機械化が進んでいった。

りますが、三年の時に学校をやめてしまいました。夜にまで学校に通っている目的が曖昧だったからだろうと思います。

僕はこの頃、農業がいやで仕方がなくて、絵描きになりたかったんです。それで、大阪市立天王寺美術研究所に六年間通いました。

農業を始めてから数年後には、耕運機、便利な肥料、農薬、除草剤(3)などが出て、それをすぐに取り入れていましたから、農業のほうはあまり手間がかかりませんでした。田植えの時と収穫の時の二カ月だけ休んで、あとは毎日朝から晩まで絵の勉強をしていました。

研究所に行ったり、絵の道具をリュックに入れてあちこちを放浪しながら、お金がなくなるとそこでちょっと働くというような生活でした。農業は機械と農薬がやってくれていて、あとは母親に任せていました。

友だちは東京の美術学校へ行ったりしていたんですが、僕は行きませんでした。農業をやっていたこともありますが、僕はそもそも高校も中退しているくらいですから決まった学校を修めるという流れに乗れなかったということもあったと思います。ほとんど独学で通してきました。

でも後になって考えてみると、おそらくこの頃の生活が、今の生活をする肥やしになっているように思います。具体的にはうまく示せないのですが、この頃のいわば無駄な生き方をしていた経験で、わかり方が違うようになったんじゃないかと思います。理屈だけではなしに、理屈の奥にあるものがわかるようになっていったような気がします。

自然農を始めるまで僕は、本当に農業がいやで仕方がありませんでした。

僕が農業を始めた頃は、主に鋤《すき》と鍬《くわ》と鎌《かま》を道具にして田んぼで作業をしていました

(3) 当時は強い農薬（ホリドール、エラドリン、マラソン乳剤、二・四・D除草剤など）が用いられ、散布後は危険なため、田植え後の田んぼには、赤い紙をつけた竿がたてられ、縄が張られ、子どもなどが立ち入れないようにする光景が見られた。農薬の害が叫ばれはじめ、やがて毒性の激しいこれらのものは、製造禁止となる。

から、仕事に追われてゆとりがなくて、朝から晩まで田んぼに行っても作業が追いつかないほどでした。

雨が降ってもそれなりに仕事がありまして、食べていくために心も身体もくたくたになる日々でした。とにかく楽しくなかったんです。心は暗くて苦しいだけでした。だから、耕運機とか脱穀機が出てきた時にはものすごく便利で、僕はすぐに取り入れました。そうしたら時間にゆとりができて楽しくなるはずだったんですが、やはり楽しくはなりませんでした。

僕は農業が嫌いでしたが、一方では、ふつうに農薬を使うだけでなしに、今年はこの成分を多くしてみようとか研究したりして、「こういう時にはこの薬を使うといいですよ」と人に教えてあげたりするほどでした。

僕の田んぼのあるあたりでは、一反あたり八俵ほどのお米がとれるのがふつうですが、僕は農薬と肥料を極端に多く使って、十俵は収穫するほどになっていました。野菜もたくさんつくって大きな市場に出荷するとか、村人に呼びかけて共同出荷するとか、お金儲けの農業に走りだしていたわけです。

もともと体が弱いのに加えて極端に農薬を使った農業のために体調をくずし、高熱が出るとか吐くとか下痢をするとか、いろんなことがあって、病院に行ったら急性肝炎だと言われました。

そういうことを繰り返しているうちに、身体がだんだん悪くなっていきました。働かないと食べていけない、お金を儲けないと生きていけないと、ごくごく当然のこととして思い込んでいて、身体や生命のことを省みない農業になっていったんだと思います。

僕は幼いときからものすごく意志の弱い人間でした。身体も弱くておばあちゃん子で、絵の世界を志すことによって嫌いな農業から逃げようとしていたんだと思います。あるいは、一家の中心となって生きていくことから逃げたかったのかもしれません。

でもそのうち、自分には絵の能力がまだまだないことがわかってきます。立派な絵を描くのには立派な人間性がないとだめだということに気づいていったのです。

二十代に入ってから十年間ほどは、ひたすら人間性の成長を思って、あれこれと無我夢中で混沌また混沌の日々となり、放浪と必死の独学と、間に合わせの農業の生活となってしまいました。

しかし「これではだめだ」ということで、三十歳になってようやく落ちついて、農業をやりはじめました。当たり前の農業生活の中で絵を描き続けるようにしていきました。

栽培を是とした自然農を模索する

僕は先祖代々の小作農民の長男に生まれ育っていますので、農業をする時には、耕さなければならない、肥料をあげないと作物は育たないと思い込んでいて、疑うことはありませんでした。

草や虫を敵だと思い、それらとの戦いの農業を当たり前のこととして二十余年続ける中で、化学肥料や農薬によって自分の身体を壊し、心も精神も衰弱させてしまいました。

自分の身体を壊すような農業に疑問を感じはじめ、身体も心もほとほと疲れ果てた頃に、有吉佐和子さんの『複合汚染』（新潮社）を読み、現行の農業の恐ろしさと間違いがはっきりして、化学肥料や農薬を使うのは怖いからやめようと思いました。

さらにそんな時に、本屋さんでたまたま福岡正信(4)さんの『自然農法』（時事通信社）、続いてすぐに『自然農法　わら一本の革命』（柏樹社、現在は春秋社）に出会って、「ああ、本来の生命界はこうなんだ。自然の営みというものはそうなんだ。あまりにも余計なことをして苦労していたんだ」と僕の心に深く入ってきたんです。ただ「無除草」と「粘土団子での種蒔《たねま》き」は無理だろうと経験から思いました。一九七八（昭和五十三）年頃のことです。

自分の行なってきたことの過ちに気づき、何も知らずに農業に携わっていたことにこれらの本から気づかされました。大きな大切な気づきでした。必要が生ずれば必要な本や人に出会うのだと思います。

僕はその頃、自分の身体を治すためにあちこちの病院を訪ねまわっていましたが、なかなか治らなくて、最後にいきついたのが古方の漢方医学の考え方でした。治療を受けながら『傷寒論《しょうかんろん》』と『金匱要略《きんきようりゃく》』の古典書に示されている医学の世界を教えられ、勉強し、漢方医学の深い世界があることを知りました。

お米を食べる虫を敵とせず、冒すウイルスを問題にせず、自然の大いなる営みに信が入り、お米の生命力に任せれば良いという考え方になっていまして、医のあり方もこの自然農の考え方と同じ理《ことわり》であることを感じたのだと思います。

僕は、自分の身体を壊したことがきっかけとなって自然農と出会い、そして漢方治療と出会いました。自分の食べる物は自分でつくるという自給自足の考え方と、自分や家族の身体は自分で治すという考え方が大事だなと思いはじめました。

でも僕は、すべて福岡さんの本の通りに実践したというわけでもありません。福岡さんの本によりますと、作物を育てるのには、無為自然のままに何もしなくていいとなっているのですが、僕にはそうは思えませんでした。

（4）福岡正信
一九一三（大正二）年愛媛県生まれ。種をまいた後は一切の作業が無用という農法を提唱。直蒔きで、耕さず、「無農薬、無除草、無肥料」を三本柱にしている。他に著書『無』（春秋社）などがある。

福岡さんは「無」を説かれます。しかし僕は、有・無を超えて、すべてが「ある」ことに疑いが入らず、それを喜べるようになっておりました。

実際に栽培するには無為自然のままではだめだと思うことがたくさんありました。一つひとつの生命を育てるには、一つひとつの生命や田畑に応じて、最小限度の手を貸してやらなければならないという思いがありました。

自然界は無為自然ですが、農業はそうはいかないのです。生命に、あるいは自然に任せるということには違いないのですが、栽培しているということを忘れたらいけないと思いました。遠い昔の採集生活にまで還るのではなく、栽培するようになったその原点に還ればいいと思ったのです。

無農薬や耕さないということにはすぐに合点がいったのですが、無肥料、無除草、すべて直蒔《じかま》きなどに疑問が残って、福岡さんの本の通りにはやろうとはしませんでした。だから福岡さんを訪ねて学ぶこともしませんでした。

福岡さんの〝生命〟は昔から地主さんで、農業技術の指導者となられた人でした。

僕は昔からの小作農民。なにがなんでも作物を育てなければ生きていけない立場でした。

僕の〝生命〟は、作物を育てて地主さんに年貢を納めなければならない、家族を食べさせてゆかねばならない、そういうところで生まれ育ってきています。本を読んでいて、立場から生じる人間性の違いを心の奥底から強く深く感じました。そして立場による役目の違いをも感じたように思います。

それで僕は、福岡さんの本を頼りにしながら、しかしそのときまでの経験から、自分なりにスタートいたしました。

始めてから二年間は失敗の連続でした。最初は福岡さんのおっしゃるように、クローバーを蒔いて直蒔きをしまして、約七反(5)の水田を全部失敗しております。

(5)「反」は田畑の広さを表す単位で、一反は三〇〇坪、九九九・七平方メートル。一家四人が自給自足をするためには、ほぼ一・五反〜二・〇反が必要。

お米はやはり直蒔きではだめだと思いました。それぞれの作物が育つことができるように手を貸してやらなければならないことに気づいていきました。

また、苗床で育ててから田んぼに移植するように変えた当初は、田植えをする前に草をいったん全部刈ってからそこに敷くという方法をとりました。ちょっと見たら、刈らないと田植えができないとしか思えなかったのです。

草を刈りましたら冬の草々は早々と朽ちてしまって、あっという間に夏の草が生えてきました。刈らないで根っこをつけたままで倒しておいたら、その草が完全に生命をまっとうしてから次の生命がスタートするというようにゆっくりと交代してくれます。

人間で言いますと、祖父母と孫の生命が重なりつつ交代していくような、ゆるやかな交代です。ところが、刈ってしまうと交代も早く、むしろ困ったことを招くのだということに気づきました。生命は、本当にみな共通の理の中にあります。

ゆっくり交代してくれたほうが苗が小さい時に他の夏草に負けないですみますので、

次の年から刈るのをやめて、倒すだけにしました。倒すだけにしたら草はまだ生きています。できるかぎり自然な交代です。

それから僕は、肥料がいらないということも簡単にはそう思えなくて、一年目は鶏糞を使ってみました。でも半年もしたら、これもやはりいらないんじゃないかと思いはじめました。

糞尿は毒だということを本で読んで使うのがいやになったこともありますし、できた作物に糞尿の匂いがするのがいやだったことなどもあって、使うのをやめました。そうして使わないで育ててみると、十分に育つのです。これで鶏糞を用いたら、過ぎた養分を与えてしまうことになると気づきました。

とにかく、何をすればいいのか、どこまで手を貸せばいいのかがわからなくて、暗中模索のままにそれなりの答えを出して、いつも何かしていました。無駄なことをいっぱいしたり、しなければならないことをしなかったりしていました。
だから、最低限のことをしているつもりなのに、それでも手間がすごくかかって追いつかなくて、結局他の草々の生命に負けてしまってお米は育ちませんでした。田んぼの中はすごく活気づき、お米をとりまく小さな動物の生命や他の植物の生命は盛んに繁るのに、目的のお米が育たないのです。お米の生命は強いのですが、無除草ではやはりだめだと気づきました。

僕は自然農に切り換えた時に、全部の田畑をいっぺんに切り換えました。また田畑をわけていろんな方法を試すのではなく、そのときにいちばんいいと思っているやり方を全部の田畑で実践しましたので、最初の二年間はお米はほとんど収穫できませんでした。

それでも僕は「自然農なんて無理だ」とは思いませんでした。「うまくいかないのは自分のやり方が間違っているからだ」と考えていました。

でも、まったく同じようにやっても、野菜のほうではいくつかうまく育つ作物[6]がありました。どれもこれも決まった形をやればいいわけじゃなかったのです。個々の生命には個々の性質があるのですから、それを見極めて、個々の生命に応じた助けをしなければならないのだということに気づきました。

お米は育ちませんでしたが、化学物質によって冒されていた田んぼは、浄化が進んできれいになっていきました。農薬や肥料などの毒が、田んぼの中の多くの生き物の生命によって自然に分解され、田んぼには草々や小動物の営みがよみがえり、本来の生命力を取り戻していったんです。

三年目からは、できるだけ余計なことをしないで、さらによく見つめて、任せてみようと思いました。そして、その場その場の田んぼの状態に応じて、そのときお米がどんな手助けを必要としているかを考えられるようになっていったのです。

耕さないことと農薬を使わないことは、最初から続けていました。肥料は使わなく

（6）野菜の中で、ナス、ピーマン、大根などが成功した。

て良いことがわかりましたので用いないようにしました。

そして、それまでは直蒔きをしていましたが、二年間の失敗から、お米はやはり直蒔きではだめだと思って、予備に苗をつくっておいたものを、二年間で草が伸び放題の田んぼの中に植えていきました。

さらに、お米が負けそうな時には、他の草の生育を抑えるために、草を刈ってその場に敷いていくようにしました。もちろん、それでうまくいくという確信があったわけではないのですが、それを見守りましたらうまくいきまして、やっと食べていけるめどがついて、自然農を続けていく上での大きな基礎となりました。

でも、もしこの年がだめでもやはり自然農は続けていただろうと思います。それしかない、これが一番いいという思いははっきりしていましたから、必ずうまくいくと信じていました。

自然界の法《のり》に添う農ですし、その法に少しずつ気がつきはじめていましたので、あとは法に添ったやり方・応じ方、あるいは作物の性質や田畑の状態や季節季節に合ったやり方を見つけていければいいのだと思っていました。ですから失敗しても「やめよう」とは少しも思いませんでした。

自分のやりたいことがやれて、生きたい生き方ができて、喜びの伴う日々でした。

僕は、やっと救われはじめたのでした。

生命のめぐりの中で

ここで、次頁からの写真で現在の僕の田んぼの一年を見ていただいて、自然界の生命の営み、田んぼの生命の営みに添った農のお話をさせていただきます。

写真の田んぼは、十四年間耕さないで麦と米を植えていたのですが、三年ほど前から冬に麦を植えていません。何も栽培しないときは草が生えるに任せておきます。そうしたら植物の生命や動物の生命がいっぱいになって、たくさんの生命が栄えます。そして土が豊かになるんです。

田植えをする頃、田んぼには冬の草がまだ茂っています。その草の中に苗を植えていきます。この時期の冬の草はたくさんの種子を結び、次の生命を見事に用意して、

田植え(7)直後の水田の姿

草々、小動物たち、水の生命、陸の生命たち、
無数の生命たちと共に、お米はスタートする

(7)
苗を田んぼに移して田植えをするときには、四〇センチ×三〇センチ間隔でスタート、ゆったりと植える。その後、水田が豊かになり、少しずつ広くして、五〇センチ×四五センチ（晩生種《おくてしゅ》）。早世種《わせしゅ》は五〇×四〇センチで一本植え。機械で田植えをするとその半分くらいとなる。

やがてその一生を終えて夏の生命である米と交代していくので、刈る必要はありません。

夏草が生えはじめて苗が小さくて負けそうな時だけは、苗のまわりの草だけを刈って苗のまわりに敷いていきますが、決して草を敵にしません。「草は邪魔」だとして抜き去り、よそへ捨てるとだめです。「虫は敵」と殺して田畑にいないようにさせるのもだめです。

田畑にある生命はすべて田畑でめぐらせ、田畑に還してやります。よそに持ち出さず、そして他から何も持ち込まずが原則です。持ち出されれば不足して田畑は病み、持ち込まれれば過ぎて病みます。

田んぼには、数知れない生命が営みを盛んにしています。その数々の生命たちは、それぞれの生命のままに生きています。

食べて出し、食べて食べられ、生み生まれ、育ち育て、死んで、休むことなく、絶えることなく、です。

その部分が欠けてもあり得ない存在であり、個々個々では決して生きられない存在であり、全体としてひとつの生命の営みなのです。

その上に立っての個々の生命なのです。個々の生命は、生まれ死に、増え減りしますが、この大いなるひとつの生命は、増えることなく、減ることなく、この田んぼであり続けているのです。

だから、米を食べる虫がいてもそれを敵にしません。虫が米を食べ、その虫の大小便が土に落とされ、それが再びお米の糧《かて》となります。またお米を食べて育った虫が、たくさんの次の生命を用意して一生を終えて、次の生命の糧にもなります。

雑草を食べる虫もいて、雑草の亡骸《なきがら》を食べる虫もいて、亡骸を都合よく腐らせていく微生物がいて、それらたくさんの生命が死んで土に還ると、それが次の生命の糧になる。生命はめぐっているのです(8)。

(8) 草や虫の亡骸、虫たちの大小便は、すぐに次のいのちの糧となってゆく。もちろん、それ以前の層をなしている草の亡骸も糧となる。

したがって、肥料はいりません。過去の生命の亡骸を舞台にして生きています。そして、今ある生命たちが、共に、食べて食べられて、生命から生命にめぐって、多くの生命が栄えています。その中でお米も生長していくのです。だから、たくさんの生命が栄えれば、お米はたくさんの生命と一体となって生長します。たくさんの生命が栄えることは、田んぼが豊かになるのだと考えることができます。

人も、田んぼの多くの生命たちに生かされ、育ち、やがて死んで田んぼに還り、他の生命たちの糧になります。

僕の畑にもウリバエ[9]はいます。草を刈ってきれいにしていたら大抵やられるんですが、草がたくさんあったら、作物が虫食いだらけにされるようなことはありません。目的の作物以外にも食べる草があるからということもありますが、虫は作物よりも他の草のほうが好きなケースが案外多いんです。

たとえば、春先にアブラムシが出て、ひどい時にはジャガイモにもつきますが、僕のところではジャガイモにはつかなくて、まわりの草につくんです。

お米で最も恐ろしいウンカ(10)という虫も同じです。この十五年間、農薬を使わなくてもウンカでだめになったことは一度もありません。ところが他の草を盛んに食べて、草を全滅させることが生じるのでした。

また、過ぎた養分を与えたら虫に侵されやすくなります。化学肥料を与えたら、もちろん虫にやられます。田畑に生えている草に加えて、他の山や畦《あぜ》に生えている草木まで畑に敷いてやると、それだけでも作物には過ぎた養分を吸い取らせることになって虫がつきます。

人間の身体でも同じだと思いますが、作物が虫に食べられるというのは、その作物にも問題があると考えたらいいと思います。作物が健康に育てばいいわけです。

(9) ウリバエ　成虫はウリ類の葉を食べつくし、幼虫は根を食べて枯らしてしまう。
(10) ウンカ　急激に大量発生して稲に大きな被害を与える。

風邪のウイルスがいます。そして風邪をひく人とひかない人がありますす。風邪をひくかひかないかは、その人の健康状態によるのです。ウイルスを問題にしません。まして敵にしません。自分の身体を問い直します。「私側を問い直し、立て直す」、これが生命あるものの生き方の基本だと思っています。自然農の心の大切なひとつになると思います。

さらに、田んぼにたくさんの生命が栄えていたら、米を食べる虫だけが異常に発生して被害を受けることもありません。たくさんの生命を共存させるのにちょうどの生命が、バランスよく栄えるからです。

まさに共存共栄の世界です。自然界、生命界は絶妙の配慮です。その中に人も存在しています。

この絶妙の自然界を壊す農薬の無駄と害は計り知れません。恐ろしいことばかりです。しかし、だから農薬をやめましょうというのではありません。用いないほうが、

昆虫、田んぼにて

作物は健康に見事に育つのです。

肥料(11)も同じ理で不要です。天然自然が、過不足なく、誤ることなく、生きる糧を用意しているからです。それが自然です。自《おの》ずから然《しから》しめるのです。

ひとつの生命の亡骸が次の生命の糧となり、お米や草々を食べて出した小さな虫たちの大小便が糧となり、空気中からも水からも、はかり知れない生命の素、生命の糧を得ています。

そこへ肥料を持ち込むと、この完全な営みは損《そこ》なわれ、諸々の生命は衰え、土はかえって疲れてやせ衰えていくのです。

化学がつくりだした肥料はもちろんのこと、有機質肥料といえども、自然界には実際には非《あら》ざることで、どれもみな非自然なものであり、反自然な毒となるものでしかありません。

田畑も自然を営むひとつの生命なのです。そこに人が生命を与えることはできないのです。人の浅いせまい知恵でよけいなものを持ち込んではならないのです。

こうして生命のめぐりが自然に営まれていれば、土の生命も健康に営まれ、最高の状態になります。ですから耕す必要もありません。

耕していた土を耕さなくなると、最初はすぐにカチンカチンになりますが、やがて草々や作物の根や小さな動物たちの亡骸が次々と土中に還っていって、過去の生命の亡骸の上に次の亡骸が重なって層をなし、ふかふかの状態になるのです。

土中で生活する小動物も無数に栄えます。そして土が健康で豊かになります。土の呼吸も盛んに行なわれますし、湿りも常に保たれています。

耕せば亡骸の層を壊し、自然の営みを壊し、生命のめぐりを断ち切ってしまうことになります。耕さず、田畑の生命たちに任せてやれば、田畑は自ずからの営みで、自らが住みやすい状態にしていきます。

(11) 肥料は大きく分けて、緑肥、堆肥、腐葉、動物の糞などの「有機質肥料」と、硫安、過燐酸石灰などの科学的に作り出された「無機質肥料」がある。無機質肥料(すなわち化学肥料)は安価で、軽作業で用いることができるため、一般的には無機質肥料が用いられる。

ここに人智を入れてはいけないのです。人は自然の営みをつくることはできません。天然自然が田畑を生かし、育て、養っているのです。任せ続ければ、それぞれの生命の営みがそのまま土の生命のよみがえりとなって大いに営んでいきます。

だからここにおいては何もしなくていいのです。してはいけないのです。そうしてどこまでも田畑に任せ続けるといいのです。大いなる生命、個々の生命に任せ続ければいいのです。生命自《おの》ずから然しむることなのです。用いなければ、本然の生命は、大いなる生命の営みの中で、本然の生命としてあり続けるのです。

耕すことや肥料を施すことは、本当によけいなことだったのだと気づきました。生命から生命にめぐっていくだけなのです。土が病んでいるところでも土壌改良剤はいりません。任せれば、最短の時間で最善の状態に、自ずからよみがえります。よけいなことは何もいらないのです。これが生命の営みに添う農の基本です。

今の農業は、草が生えてから刈るのでは遅く、草が生える前に絶やすことが大事だということで、除草剤を用い、虫を敵として殺虫剤を使い、田んぼの中からお米以外の草や虫を全部殺してしまって、人工公園のように整然とした田んぼをつくっているんです。

化学肥料の害に気づいた人の中にも、病んでやせた土地に有機質肥料を与えることによって豊かな土をつくり出すことができるように錯覚し、「土づくり、土づくり」と土にとらわれてしまっている人がいます。

けれど、植物にとって土は決して大事ではないということに最近気づきました。土がなくても作物は育つんです。

山には、粘土の山も砂の山も岩ばかりの山もあります。そして、どんな山にも草木が生え、獣が住み、栄えています。土がなくても山は豊かです。

岩だけの上に生命の亡骸が重なってそこに生命を栄えさせます。ちょっとした岩の隙間に種が入って生命は芽を出し、育ち、次への生命の種を用意してまっとうします。

その亡骸が重なり、次の生命がどんどん栄えていって大いなる山になっていきます。大きな岩の上に植物の生命があり、その足下には小さな動物の営みがあって、共に栄えています。

生命の不思議さ、亡骸の重なりの大切さに気づかされます。土をつくろうなどと考えず、生命の自らの営みに任せ、生命のめぐりを重ねていく自然界を人間が壊さなければよかったのです。耕さないことが、最も大切なことになります。

人もまた、共の生命のめぐりの中で生かされているひとつの生命です。

「食べる」ということは、その「生命を食する」ということなんです。

食べているものをよく見てみると、すべてかつて生きていたものです。その中でも穀物と呼ばれているものは、みな次の生命を無事に育てる能力を備えていますから、人は次の生命までも食べていることになります。人も、他の生命を食べることによって生きているんです。

ひとりの一生においては、数えきれない数の生命を食べないと生きていけないことになっています。

食べて食べられて、生命から生命にめぐり、生かされ生かしの関係なのです。生命あるものはみな、他の生命を食べないと生きていけないのです。

これは「残酷」ということではなくて、「生きている」ということです。

そして人間も、死んだら他の生命の糧となります。生きている時にも、もちろん他の生命の糧になります。大きな動物、そして目に見えない小さな生き物にも、食べられて死に、その生き物たちを栄えさせます。また人間の大小便が動物や植物たちの糧にもなり、吐き出した空気が他の生き物たちの生命の素にもなっています。


そうやって、生命から生命がめぐっていきます。有形のものが無になって、無になったものがまた有形化していくというように、生命はめぐっています。

そしてこの無から有を生みだすことができるのは、生命だけなのです。生命が生み創るのです。いかに優れた人間の知恵と能力、技術技能でもってしても、無から有は生めません。ゼロから一を生めません。

技術で一を生むためには、二を、十を、百を、千をと、数えきれぬ多くのものを必要とします。他方から持ってこなくてはなりません。実際は大きなマイナスなのです。

そのうえ必ず地球を、生命を、生命たちが生きていく大切な場を損ね、汚染し、消費消滅させます。私たち人間の手で生めば生むほど、つくればつくるほど、他方で大きくマイナスを増やし、生命の危機を増大させてしまうのです。

生命だけが、見事に無から多くの有を生みます。決して害を招かず、マイナスを招かず、生み出します。ここから生み出されたもののところにだけ、私たち人間にとっての、あらゆる生き物たちにとっての生存が約束されているのです。

自然農は、人類の延命農ではなく、人類が人としてこの地球上でまっとうしていける農なのです。

生命自らがもたらす恵みを上手に受けとる術《すべ》を、一人ひとりが身につけてゆかねばなりません。この生命の営みを壊さない生き方に目覚め、悟って生きていくことができればいいわけです。

自然農もそのひとつです。今日叫ばれている人類滅亡の危機のなんら生じないところであり、正しい答えのあるところです。

必要最小限の手助け

次頁の写真は、お米が生長してきた夏の頃です。足元に伏せているのは去年の冬の生命の亡骸です。この草は、たくさんの生命の種を残して一生を終えています。この亡骸がいろんな小動物の食べ物になり、小動物が栄えます。

小動物が食べてくれることによって亡骸が朽ちていき、そしてお米の糧にもなっているんです。この草は、たくさんの種を残していますので、お米を刈る秋の頃には一斉に芽を出し、再びスタートしていきます。

生命は絶えません。交代であり、しばらくの眠りです。

この稲の苗はヒョロヒョロです。なんとも言えずか細くひよわですが、幼い時はひよわでいいんです。すべての生命の始まりはひよわです。それをなんとか強くしよう

生命が交代していく姿

冬の生命の草々が一生を終えて、夏の生命のお米と交代していく。冬の生命たちは次への多くの生命を用意してなお次の生命を養う。生命から生命にめぐり、自然界は常に生命が栄える楽園。

と思ったらだめです。

人の成長の過程でも、最初は何もわからず何もできない時期があります。僕もいろいろ試行錯誤しながら混沌とした時期がありましたが、その時期はそれでいいのです。僕自身もひよわな自分がいやでいやで、長い間劣等感に悩み、苦しみ、混乱の日々でしたが、真の生命の始まりはひよわなんだと、それで当たり前なんだと受け入れることができた時から心が安定していくようになりました。

お米も始まりはひよわでいいのだと気づきました。しかし、いつまでもひよわではありません。どんどん強くなって、たくましく育ちます。僕はこの育っていく過程が一番好きなんです。

僕は、最初の二年間の失敗から、お米は直蒔きではやはりだめだと気づきました。だから僕は苗床で育てた苗を田んぼに移植しています。苗が小さいうちは、肩すりよせて育ててやったほうが元気に育つのです。

他の小動物でもそうですが、生まれた時は一カ所に肩すり寄せ、群がって育ち、ある時期が来たらバラバラになります。個々の独立です。

生命の営みに任せるということは、放ったらかすことではないのはもちろんです。個々の生命やそのときの状態に応じて、いろいろな応じ方のあるのに気づかされます。

苗床をつくる時は、表面を二〜三センチ削りとります。亡骸の層を崩してしまって残念ですが、たくさんの草の種がありますので、その種を取りのぞくためです。そのまま種をおろしてやったら、草の生命に負けてしまうからです。

表面を軽く耕し、種を確実に土の中に入れてやります。種を蒔いた時に、種が重なっているところは手で広げてやります。そうして一本一本が十分な間隔を持って発芽できるように気配りをしています。

そして、土をかぶせ、湿りを持たせ、さらに小鳥から守るために藁をかぶせます。そうやって、母親が子どもを見守るようにして育てます。お米の性に適した環境にしてやるわけです。

お米の生命はたくましいです。田植えをしてやった後は、たくさんの生命の中でも負けません。人間の生命もそうですが、少年時代になったら、たくましく自分の生命をまっとうしていきます。

でも、ある程度大きくなるまでには手を貸してやらなくてはなりません。また、少年時代でも手を貸してやらなくてはならない時もあります。

苗を植えるとすぐ他の夏草が生えてくることがありますが、生命力の大きな夏草が生えてきた時には、そのまま放っておいたらお米は負けます。育つことができません。

お米も夏草ですが、お米より強い夏草がたくさんあります。野草を食べるのならそのままにしておけばいいのですが、育って欲しいのはお米ですから、いったん草々の生育を抑えるために刈ってそこに敷いておきます。

しばらくするとまた草が生えてきますが、そのときにはお米が生長していますからもう大丈夫なんです。

よけいなことはしませんが、最小限度の手助けはしなければなりません。それは田んぼに応じ、作物に応じ、草の性質や生長の時期によって変わってきます。こちらの都合で決めないことが大切です。

自己完結の生命の営み

自然界が秋になって、夏の生命はみな実を結んで熟成し、お米もひたすら子どもづくりを始めます。自分の生命のまっとうは、即、次の子どもをつくる営みで、親の生命と子どもの生命の別がありません。足下にはいろんな草があって、草々も紅葉して一生の生命を終えようとしています。

生命の営みは本当にすばらしいです。人間がいかに農薬や肥料などの毒を放り込んでも、生命本来の営みを変えません。「そんなに毒を放り込むなら、もうやめた」とも言いません。営みを間違えることもありません。本当にすごいことだと思います。そうして、自らの生命の営みを休みなく続けます。ひたすら続けるのです。

僕がつくっている四、五種類のお米の中に赤米があります。古い時代にどこから日本に入ってきたのか、開花時はとにかくきれいです。お米の粒が赤く、美しい、生き

実りの風景

自ずから然らしむるお米が完結する姿は絶妙。

無から生まれ生じた多くの新しい生命のお米も、生まれながらにして完全体であり、一生の完結能力を宿している。

ている姿です。このお米の生命は、人の手が入ってなくて改良されていないので、すごい生命です。完全な生命です。

もちろん食べても美味しいです。生命の強さと味は関係していると思います。生命力は、分析をして数字で表すことはできませんが、品種改良したり肥料を使ったりしたお米より生命力が強いです。

たくましく育っていますので、そこで宿された生命は、天災や人災に強いという面もあります。米は背が高いので、倒れにくいように改良し、また量を追求して改良していった結果、現在のような背の低い白いお米になっていったんだと思います。そうして病んだ弱い命を大量につくっているんです[12]。

田んぼには自然に実る量が決まっています。その量以上を求めてはだめなんです。

僕は最初、農薬を使った農業で自分の身体をこわし、農薬の害がこわくて自然農を目指しましたが、生命の営みに任せたときにできたお米の生命がいかに完全であるか、いかにすばらしいかに気づかされました。

僕のやり方では、量は少なくなりますが、生命は多くなります。その生命は、本然の、完全な生命です。

それは特殊なものではなく、ごくごく当たり前のものです。生命はすべてもとより強く、美しく、完全体なのです。

お米も人も、個々の生命を営み、大いなる生命のめぐりの中で生育、成長して実ります。それ以上には実らないのです。(13)

人は生命をつくることはできません。生命を増やすこともできません。生命が生命をつくり、増やします。過不足なく適量をつくるのです。それ以上多くはつくれませんし、この地球の中で生きていくのにそれ以上多くをつくる必要はないのです。人口

(12) 自然農の種を使わないとだめだということはない。種も大事だが環境も大事。いかに種が悪くても環境がよければ、たくましく育って本来の生命を発揮する。

(13) このあたりではふつう一反あたり八俵くらい収穫するが、六〜七俵となる。概ね二割くらい量が減るが、農薬代、肥料代、機械を動かすための石油代などが不要となるので、採算としてはむしろ効率的。

問題、食糧問題、餓死問題の答えは、この生命の掟《おきて》の中にあります。

また、僕は稲を天日で一カ月ほど自然に乾燥させます。その間、稲はまだ生きていて、最後の営みをしています。茎から最後の最後まで徹底的に栄養を実へ送っているんです。

次の生命を養い、育てつくして、わが一生の終わりです。天日に干すという作業はとても大事なんです。それをしないで電気乾燥してしまうことは、生命をだめにします。

冬に保存する時も、僕は籾《もみ》(14)の状態で保存し、食べるごとに籾スリをして三〜五分づき米にしています。ふつうは玄米にしてしまってから保存をしていますが、籾のままの状態でおいてやると、お米は生きたまま眠っているのです。今の農業は、生命を弱くすることばかりしてしまっています。

僕の田んぼにもウンカはいます。肥料や農薬を使っていた頃はウンカが一番こわかったのですが、今は全然気にならなくなってしまいました。環境や状態が変わると、そこで営まれる生命も変わっていくのだと思います。

隣でウンカの被害が大きくてもそれは隣の田んぼのことで、関係ないんです。ウンカはあまりやって来ませんし、やって来ても異常に多く発生することはできないんです。田んぼの生命やお米の生命が強いからだと思います。また、いろんな生命たちのバランスが自ら保たれているからなのだとも思います。

僕の田んぼの中の生命のめぐりと、隣の田んぼの生命のめぐりは、別の世界です。

(14)「籾《もみ》」とは、稲刈りをした後、脱穀機にかけて穂からお米をはずしただけで、籾殻《もみがら》のついたままの状態。

「玄米」は、籾から籾殻をとっただけで精米していない米。「胚芽米」は、玄米をさらに胚芽を残した状態まで精米したもので、胚芽の部分も取り去ったものが通常の「白米」。精米の程度で、三分づき(通常の白米の三分程度しか精米しないもの)五分づきなどの白米もある。栄養価は精米の程度が進むにつれて低くなってゆく。

僕の田んぼで虫がたくさん発生して、僕の田んぼでは食べるものがなくなってしまって隣へ行くということもありませんし、隣で農薬を使ったからといって追われて僕のところへ逃げてくることもありません。

ほんの少しの往来はあると思いますが、それによってそれぞれの田んぼの営みが根本から変化することはありません。それぞれの田んぼの生命の問題なんです。基本となる大切なところです。

大事なのは智恵を働かせること

僕がやっていることは、無理に名前をつけたら「川口農法」と言えないこともないんですが、でも僕はそういう名前をつけることは危険なことだと思ってます。人に伝える時に名前がいりますが、「自然の法に添った農」と考えればいいと思います。人は、「川口農法」というように名前をつけると、「川口農法」というひとつの形があるように思ってしまいがちです。決まった形通りにすればうまくいくと思われてしまう傾向がとても強いのです。

福岡さんの思想は、本が英訳されて以来、世界中に広まっています。「自然農法といったら日本、自然農法といったら福岡正信」と、神様のようにも思われています。そして日本でも東南アジアでも福岡さんと同じようにやってみられるんですが、二年三年とやってもうまくいきません。それは、自然農法、福岡農法という形があると思っているからうまくいかないんだと思います。

そうではなくて、一人ひとりにはそれぞれの性質、考え方、応じ方があり、さらに作物の性質、その土地の気候風土があって、みな違うのです。

大事なのは、自然の法を知り、生命の法を知ることで、その中で生き方のいろんな方法を知り、育て方を知ることです。行なう人それぞれの農法、その土地その土地の農法があるのです。

東南アジアの視察を通して、自然農法という形があると思いこんでしまうことの危険性を改めて強く感じました。そして、僕が自然農の心を一冊の本[15]にまとめた時に、「○○農法」という名前をつけるのを避けたことが良かったと、改めて思いました。

基本的には、その人が自分の土地に合ったやり方を考える智恵が働かなくてはだめだということです。

教育に対して、子育てに対して、政治経済に対して、そのときそのときに、いかに正しく深い智恵が働くかということです。

自然の法を察知し、生命の法を理解できる智恵が働くことが大切です。

(15) 著書『妙なる畑に立ちて』(一九九〇年、野草社)

第二章

漢方医学からの気づき

祈る思いで薬を見立てる

僕はもともと身体が弱かったほうなのですが、農薬を使った農業を続けるうちに急性肝炎を繰り返し、長い重なりの中でだんだん身体を壊していって、結婚して半年目(三十七歳)の頃にはついに肝臓が充分働いてくれなくなってしまいました。

あちこちの病院を訪ねまわっていろんな治療や健康法を受けましたが、なかなか良くならず、ずいぶんつらい思いをしました。右脇下が硬く、痛み、身体のあちこちに水がたまったら抜いてもらっていたんですが、原因はわかりませんでした。

必死の思いで訪ねまわる中でたどりついたのは、東洋医学的な考え方でした。玄米正食(16)、断食、ヨーガ……、そして最後が鍼灸《しんきゅう》でした。

治療を受けながらいろんな本を読んで、現代思想のもとで成り立つ現代医学に疑問を持つようになり、現代西洋医学では治療したくないという思いを強く深くするようになっていきました。

僕は西洋医学に疑問を持ち、いろんなことに出会い、気づいていくのと同時に、それと同じ思想に立っている現代農業の過ちがだんだんわかるようになっていきました。医と農の本来のあり方を正しく理解しはじめたのだと思います。


西洋の考え方と東洋の考え方の大きな違いのひとつは、自然や病気を人間と対立するものと考えるかどうかだと思います。

西洋の思想は自他の別のある相対の世界に立っていますが、東洋の思想は自他の別のない絶対の世界に立っています。

西洋医学の考え方は病気を人間と敵対するものとしてとらえ、原因を他に探し求め、原因となるものを敵として、取り除こうとするところから発しています。

(16) 玄米正食　玄米食で、古代日本からある、その土地で育つ季節季節の穀類、野菜を主に食する。肉魚はほとんど食さない。菜食主義とは異なる。

病因が細菌であれば、その細菌を殺したり押さえ込んだりする薬を開発しようとしますし、困ったものは手術で取り除いたり、あるいは取り替えることまでします。結果であるものを取り除いたり、取り替えたりしてみても、原因は残っていますので、根本的な解決にはなりません。

しかし、数千年の昔に大成された古方の漢方医学は、病気を敵対するものとはせず、病気と呼ばれるものは、身体が正常な営みを取り戻そうとする結果であると考えます。だから、生命の営みのままに任せれば、身体が本来持っている自然治癒力で回復していくことを知っています。

自然治癒力イコール生命力です。生命の営みは良いほうにしか展開しないからです。結果である症状・病気を無理やり押し込めたり、その症状だけを取り除くための薬を開発したり、手術をしたりするのではなく、その原因を解消しようとする生命の営みを助けてあげるのが漢方医学の治療です。

古方の漢方医学と出会ってからは、疑問を持ちはじめた西洋医学にはもう頼れなくなってしまいました。やがて鍼灸治療の限界にも出会うことになって、自分の病気も家族の病気も、すべて中国の古典医学書である『傷寒論《しょうかんろん》』と『金匱要略《きんきようりゃく》』の漢方で治すようになっていったのです。こうして治療の自立ということになっていきました。

二人目の子どもが陰嚢《いんのう》ヘルニアになった時のことです。生まれて半年目の十二月頃に、腸がおちんちんの袋に下がってしまいました。下がった腸が大便によって腐るとカントンの病といって危険なのだそうです。

僕は途方に暮れました。その頃には、家族の病気はみな漢方治療で治していたのですが、生まれて半年の乳児です。どうしてもヘルニアの治療には自信がなくて、病院に連れて行きました。

そうしましたら、病院では「これは水がたまっている」と、注射針をプツンと刺して抜き取ろうとしました。しかし出てきません。「やっぱり下がっているのか」と、今度はおちんちんの袋を絞って腸を上げようとするのです。しかしやはり上がりません。子どもはものすごく泣き叫びました。

そうして最後には「これはだめだ。外科だ。外科で手術をしなければだめだ」と、外科に送られたのです。でも僕はやっぱり切るのはいやで、外科へは行かずに連れて帰りました。「もう誰にも頼まない」と、本当に深く深く思いました。それで幼いわが子に漢方治療をする決心をいたしました。

古方の漢方のとらえ方を知っていく中で、僕は切らなくてもいいという確信を持つことができる素地ができておりました。もう誰にも頼めない、自分しかない、と決心できますと、必ず治るはずだ、助かるはずなんだという大きな安心が生まれました。もちろん不安はつきまとい、生きた心地のしない治療の日々となりました。

漢方治療を始めようと決意した頃には、病状は進んで子どもは食べられなくなっていて、ハナ水が多く、咳も出て、喘息状でもありました。ふとんから出ているところが全部しもやけになるほど身体が冷えきって弱っていました。ヒーターを入れて暖か

子どもと

くしていた部屋だったのですが、身体の中が冷えていたのです。

僕は意を決して薬を見立て、必死の思いで煎じて飲ませはじめました。すると、それまで便秘がちで便が止まっていたのですが、ドロドロの青い便が出はじめたのです。どんどん出ました。次々と出てくるのです。それを見まして「身体が冷えて腸にこれだけいっぱいの悪い便が詰まっていたから、腸が伸びてしまったんだ」と理《ことわり》がわかったのです。「これで救われる」と思えるようになりました。

十日から半月くらい便がどんどん出て、ある日お風呂の中でおちんちんをそっと洗いましたら、すっと上がりました。「これで救われた」と思いました。次の日また腸が下がったのですが、でも、もう治ると確信を持って治療を続けました。

それから二日目くらいに、もう何もしなくても上がっていて、再び下がることはありませんでした。やがて完全に治り、腸も健康になりました。おちんちんの袋は正常になり、その後も腸が弱くて病気をするということもありません。

大切な腸を切り取らずにすみました。人の身体に余分なものは何ひとつないはずです。しもやけに皮膚科、喘息状に循環器科、腸の機能麻痺に胃腸科、ヘルニアに外科……と、幼子《おさなご》を迷路に落とし入れることなく、すべての病気はひとつの正しい治療で治りました。

漢方の古典書には、ヘルニアの時にはどうすればいいのかなど書いてはいなくて、僕も漢方医学を究めていませんでしたから、手探りの治療は不安でした。ある夜は脈が触れなくなって、「死なせてしまうのでは……」と、もう不安で不安で眠れず、昼夜つきっきりで見守り、本を開いてあれこれと考え、祈りの中での治療でした。

病気治療にお金を惜しまず、時を惜しまず、心を惜しまず、治療を惜しまず……、仕事を放り出してひたすらわが子の生命を第一と必死でありました。この姿勢は今も変わりません。

ヘルニアになったらそこを手術すれば良いというのでは、なんの解決にもならないことを、わが子の治療を通して体験し、合点がいきました。

腸が下がるというのは結果です。原因ではありません。体が生命の営みを続ける中で、なんとかしようと応じているわけです。その結果として腸が下がったのです。もし腸が下がらなかったら、いっぱいにつまった便で、腸は破れて大変なことになっていたでしょう。腸は必死で応じていたのです。

ですから、腸が正常な位置に戻れるように、たまってしまった便を出す働きができるように手助けをしてやれば良かったのです。便がさらに腸にたまらないように、腸の働きをよみがえらせてやる治療こそが必要だったのです。

僕は、このことで漢方医学の素晴らしさにさらにさらに深く気づきました。具体的に知ったのです。

現代医学の全体がわかってきました。医者のつとめの重大さを深く考えさせられ、現代の医療制度のことなどに思いを深くするようにもなりました。

そして、自分の生命、家族の生命は自分で守らなければならないと悟りきりました。

このことが大きなきっかけとなって、僕は、農業においても医学においても、生命のことと、生命の営みに任せるということについて、さらに深く考えるようになっていきました。

生命の営みは良いほうにしか展開しない

僕は漢方医学との出会いを通して、人の生命も、田畑の生命も、地球上のあらゆる生命の営みは良いほうにしか展開しないということに気づかされました。

人の成長というものもそうだと思いますが、良いほうにしか展開しないのですから、いろんなことが起こっても、いかにそれを見守り通せるか、そのことの大切さに気づかされます。

それとともに、必要に応じて的確に手を貸してあげることが必要だということに、田んぼを通して、人の病気を通して気づかされました。

よけいなことは絶対しない。しかし、しなきゃならないことは、正確に、的確に、時機をはずさずに手を貸してあげることが大切です。

よけいなことをしなければ、病気がこわれませんから、病気は混乱せず、生命も混乱せず、見守り通せばスムーズに治っていきます。

生命にはすごい力があるのです。自らの営みの中ですべてを解決していく力があるのです。良いほうに展開しようとしている営みを、いかに見守り通せるかだと思います。そこに「治療」として人が手を出す場合には、大いなる治療能力、大いなる判断力が必要になります。

僕の自然農の勉強会に一年通われた方のお子さんが、生まれてすぐにアトピー性皮膚炎になられました。この赤ちゃんは秋に生まれ、冬に入る前に全身に湿疹が出はじめました。冬の間はそのままで出きらず、内に持ったままで苦しい冬を越しました。そして春になった時に再び湿疹が始まりました。

人も自然そのものです。人の生命にも春の生命、夏の生命、秋の生命、冬の生命と四季があり、変わります。

冬の生命は閉ざしていてアトピーも外に現れず、身体の中に持ったまま苦しい冬を越しました。そうして春になって暖かくなり、生命が開きはじめると外に出てきたのです。しかしこれは人の自らの生命の営みで解消しようとしていることなので、出るに任せれば必ず治ります。見守り通せば良いのです。

その赤ちゃんのご両親も自然農を通して生命のことを学ばれていましたが、やはり心配で病院へ行き、軽い薬をもらっていました。しかし良くならず、再度病院へ行くと、「この薬が子どもの目や口に入らないように注意して下さい」という注意書きのある強い薬をいただいたのでした。

しかし相手は生後半年の赤ちゃんです。顔にも手にもいっぱいに湿疹ができていますから、そんなことは不可能です。そんなこわい薬は使いたくない、やはり漢方でなんとかしたいと思われて、僕に相談されたのでした。

僕たちは話し合って「すべての現象は、自らの営みで解消しようとしているものなのだから、徹底的に見守ろう」ということにしました。

春から夏に向かって生命の営みが盛んに行なわれる中で、湿疹も盛んに出ました。

どんどん湿疹が出てきます。たくさん出て眠れなくなる、大便が止まる、高熱が出る、食欲がなくなる、喘息のようになるなど、いろんなことが起きてきました。

それでも、熱が出ても喘息のようになっても、漢方薬をも使わずに見守り通しました。湿疹はどんどん出ましたが、よけいなものが出た分だけ赤ちゃんは助かっていき、楽になります。すべて浄化です。

相談を受けた頃、ご両親は掻《か》いたら湿疹がひどくなると思っておられて、赤ちゃんが掻こうとするたびに手をつかまえて、掻かせないようにされていたのだそうです。だから赤ちゃんもお母さんも疲れてノイローゼ気味になっていました。

そこで「掻けば掻くほど浄化が早く進むのだから、赤ちゃんに自由に掻かせていいのです」と、その理を話しましたら納得され、自由に掻かせるようにされました。

赤ちゃんは自由に掻けるようになって、ニコニコしながら掻くようになりました。痒いところを思う存分掻いている時は気持ちがいいのです。

存分に掻いたあとの顔はグチャグチャになりますが、赤ちゃんは「恥ずかしい」とか、「アトピーだから不幸だ」などとは決して思っていません。こうして生きていることがそのまま喜びなのです。ひるむことなく生きているのです。

いかに汁が出ても膿《うみ》が出ても、見守り通しました。高熱が出て便が止まっても見守り通していると、翌日には下痢になって便が下《くだ》ると熱がひき、アトピーも軽くなる。そしてまた出る。いろんなことが起きて、少しずつ軽くなっていく。

そういう経過を繰り返していき、夏になる頃にはどんどん浄化が進んで湿疹が出なくなりました。出なくなるとすぐにスベスベの肌がよみがえりました。

人の生命はすごいです。赤ちゃん自身の自らの営みの中で浄化し、再生して、身体も精神力も成長して強くなられました。

アトピーを通しての心身の見事な成長です。「漢方薬を」と僕が思うことがあっても、お母さんは我慢して見守り通されました。わが子のアトピーを通して、お母さんもまた見事に成長されたのでした。

人は、身体の成長とともに心も成長しますが、自ら持っている問題を、病気を通して解消していく中で強くなっていくのです。

しかし、病院に行っての治療は、それを押さえ込む治療ですので、病気を通して成長する機会を奪ってしまうことにもなるのです。自らの病気をまっとうすることによって成長し、身体も浄化されて健康になっていくのだということに気づかされました。生命力があれば病気は治っていきます。

ところがたいていの場合は、起こっている現象が大変なものだと思ってなんとかしようとし、止めようとしてしまいます。病気が出ていることは自らの成長過程であり、結果ですから絶対止めてはだめなんです。

それは子どもの行動においても同じだと思いますが、病気の場合も、出ている現象の奥に成長している生命の営みがあるのです。その営みは良いほうにしか展開しないのですから、安心して任せておけばいいのです。

治癒力が弱くて自分の生命力で病気を越えられない場合は、正しい治療が必要になります。慢性化した場合に漢方治療を行なうと、いろんな症状がどんどん出ます。たとえばアトピーなどはどんどん増えてきます。神経症状の人などは、漢方薬を飲みはじめたらすごい錯乱状態が起こることがあります。そうして閉じ込められていたものが解消して救われるのです。

治療している場合には、本人にとってそれが苦痛ではないのです。生命にとって明かりが入っているからです。親がそれを「なんとかわいそうな状態だ」と見てしまうと、間違った治療に入っていってしまうんです。

生命の法に添った治療

西洋医学は生命を見ていません。ですから生命の法に添えないんです。薬の用い方にしても病気のとらえ方にしても、とにかく事を明らかにしないで押さえ込んでしまう方法をとります。原因も治し方も見えていないし、明らかにしていないのです。「原因不明」と言われますが、原因不明などというものはないのです。科学的世界は物質の世界であり肉眼の世界です。だからどこまで追求しても明らかとなりません。病気のことは、物質的世界の奥を悟るわかり方でなければ決してわからないのです。科学の示すものを真に理解するには、その奥にある生命を悟ることができる智力と、悟りの眼が必要なのだと思います。

西洋医学では、風邪をひいた場合には、風邪を引き起こす原因となるウイルスを敵と見ます。そしてそれを退治する方法を考え出します。薬の開発です。しかし、決して退治しつくすことはできません。次々と新しい薬を開発しなければならないからです。

田んぼの中で米を食べる虫は敵だという考えといっしょです。虫を殺す薬を開発し、製造し、使用するということをしていきます。ある虫に対して薬を開発し、次には従来の薬に耐えて免疫ができてしまった虫たちに対して、さらに強力な新しい薬を開発しなければならなくなります。

虫は次々新たに発生します。そうやって追いかけっこの世界に落ち、終わることがないということにもなります。これは対立の世界です。

本来の治療は、それを敵にしません。全然問題にしないのです。ウイルスに冒されるのは自分の身体が弱くなっているのですから、身体を立て直すことを考えます。身体が正常に戻ればウイルスは退散し、自ずから風邪は治ります。

私を問い直すわけです。胃が弱っていたら、胃の働きを助けてあげるような治療をします。そして胃の働きを損ねているようなものを取り除く治療をします。

それは人の智恵で合成したものではなくて、自然界にあるものの働きをちゃんと知った上でそれを用います。それが漢方治療です。

約二千年ほど前に、中国のお医者さんが『傷寒論』という漢方医学の治療学の古典書を集大成しています。

その本のはじめに、こんなことが書かれています。

「今の世の中の人は財を求め、地位や名誉をひたすら求め、美味しいものを食べて、好きなことをして、自分の身体を損ねている。そして病気になったら『生命だけは助けて下さい』とすがりつく。医者も病気治しの道を学ばずして財を求め名誉を求めて、病気を正しく治すことができなくなってしまった。そんな医者に任せて、落とさずともよい生命を落とし、死んでいく。死に直面しても日頃の行ないを省みない。残された家族はおいおい泣いて、なんとも哀れなことである。生き方も間違っているし、治療の仕方も間違っている。本来は治せるし、すばらしい医学があるのに、今の医者は医者としての勉強をしないで、いいかげんな治療をしている」と、病気になった人々だけでなく、医者をも戒めています。

数千年前も今も、全く同じなのです。「だから、忘れられようとしている医学を残しておくのだ」という言葉で本は始まっています。当時すでにすばらしい医学、治療学があったわけです。

漢方書には、生薬(17)を使って病気を治していく治療例があります。こういう身体の人がこういう状態になった時には、こういう生薬を使って治していく、という例があるのです。僕は最初それを判断のもとにしました。

また、古典書はその時代時代に訳されていますが、混乱するようなものもありますので、僕は長い歴史の中でそれに耐えている、優れた人の古典書や訳書を選びました。また漢方医学の大家と呼ばれている人たちの本を選びます。(18)そして、一冊ではなく何人かの人の本を開き、過去の人の判断をたよりにしながら、その時その時、自分で精一杯の判断をするんです。

漢方生薬は、この自然界の中にあり、私たち人間と同じ生命あるものです。主にはふだんは食べない生命の働きを借ります。

人の生命が百年まっとうするには、自然界にあるものを食べないとまっとうできません。自然界にあるものはすべて生命あるものです。米も野菜も魚も、みな生命があります。生命あるものの生命をいただいて、人は生命をまっとうします。

漢方治療においても同じです。生命あるものの生命をいただいて回復をはかります。用いるものの生命の働きと性質を知り、さらにその人の身体の状態を知った上で、必要な生薬とその適量を判断します。

生命がどうなっているか、病気がどうなっているかは、身体に現れているすべての

(17) 生薬《しょうやく》　自然界に生命があったもので、主に植物の葉、茎、根、花、実、種、他に動物、鉱物も用いる。これを数種組み合わせたものが漢方薬。

(18) 『傷寒論』　解説書がいくつかある中で、大塚敬節著『臨床応用　傷寒論解説』（創元社）を選択。二〇二三年春、筆者による『傷寒論』解説書を言視舎から刊行予定。

ことに注意を払えば明らかになってきます。検査に必要な薬品も機械も、多くの設備も、そのための大きな建物も、多くの検査員も、多くの検査費も、何ひとついりません。必要なのは智恵だけです。

たとえば、田んぼの中で米が枯れてる場合に、枯れている足下を見れば、水がなくて枯れている場合と、水があり過ぎて腐って枯れている場合との区別がつきます。それと同じように人の身体も、たとえば下痢している時には、熱があって下痢しているのか、冷えて下痢しているのか、身体の各所を注意して見たらみなわかってきます。

昔の人はみな知っていたんです。判別できる智恵が働いていました。今はみんな見なくなってしまいました。智力が曇って見えなくなっているのです。耳を傾けて聞けば、目をしっかり開いて見れば、悟り取る智力が働けば、身体がどうなっているかがはっきりと見えてきます。

病気は、生命の営みの中で、当然起こるべき出来事です。特に成長過程では病気を

上皿天秤と基本的な生薬を常備して、その時々の身体の状態で加減していく

しながら成長します。

しかし、西洋医学の薬を飲むなどのよけいなことをした場合には、病気を壊してしまうのです。すでに壊れてしまった病気の場合には、自らの生命の力では治せない場合があります。あるいは、重過ぎたり、過労であったり、老化であったりなどで、自らの生命で治すことができないことも起こります。

そこで初めて正しい治療が必要になります。放っておいたらだめです。その時には、生命の法に則した治療、よけいなことをしないで、しかし必要な手を正しく貸してあげる治療が必要です。


まず、悪いものは、即、絶つことが原則です。治療は徐々にしていかないと大変なことになると言われますが、そうではありません。即断即実行が必要になります。また、漢方治療はなかなか効かない、徐々にしか効かないとも言われますが、そんなこともありません。即効です。

田んぼの場合もそうですが、肥料や農薬で汚染された大地をよみがえらせるのに、過程として有機肥料を用いて豊かにしてからとよく言われますが、そんなことはありません。よけいなものは入れないほうがいいし、人間の浅い狭い知恵で判断したものを大地に持ち込まずに何もしないで大地に任せるほうが、最短距離で最もいい状態になります。

田畑の場合、休耕田にしてしまうと土地が痩せたり荒れたりしてしまうのではないかと心配しがちですが、何も手を加えなければ草がたくさん生えて小動物の営みは盛んになって、浄化はかえって早く進みます。だから、なにも心配はいらないのです。浅い狭い人間の知恵は、どうしてもよけいなことをしてしまいます。病気が壊れていなかったら、病気は生命の営みの中で当然の結果ですから、見守り通せばいいのです。その上で生命の営みに沿った手助けをします。

漢方薬は副作用がないとも言われますが、そんなことはありません。誤れば生命を損ね、死へと追いやります。正しい判別がいります。

「過ぎている」現代人

現代人の病気に共通していることは、「過ぎて」いることが原因になっていることです。栄養過多、保健薬過多、健康食品過多、健康法過多、教育過多、しつけ過多、玄米も過多です。

漢方の治療というのは、主にふだんは食べないものの生命の力を借りて治療をするものですが、治療以前の問題として、ふだんの食事への配慮が必要です。西洋風の料理から、穀類を中心とした日本古代からのその土地の季節季節のものを食べることに戻ることや、農薬、肥料、添加物などの入った食品を避けるなどの配慮は誰でもすぐに始めることができます。

西洋医学のカロリー計算の過ちに気づいて玄米正食に切り換えられた方の中にも、同じ間違いをしておられる方がいます。

取り込み過ぎるのです。生命の強いものをとったら自分も強くなると思ってしまうのは、ひとつの執着です。いろんな知識を持てば自分が豊かになれると思っていても、執着になってはだめなんです。成長の糧とできず混沌混乱を招きます。

身体も同じです。過ぎた栄養を取り込み過ぎると消化しきれず、それがあふれて病気になってしまいます。生命にとって、内臓内腑にとって、過負担になるのです。生きていくのに、そんなに多くのものは必要ないのです。

漢方治療の中にも、喘息や湿疹などの治療の時に、玄米を中心にして組み立てた治療がありますが、それは、終戦当時のように栄養不足の人、元気のない人、身体の冷えている人などに用いれば見事に治ります。

ところが、過ぎている人の場合には、それを使ったらあっという間に湿疹や喘息をひどくします。使い分けなくてはならないのです。だから、過ぎている現代人が風邪になった時にタマゴ酒をとったり玄米スープを飲んだりするのは向いていません。さらに栄養過多になって、かえって風邪を深くしてしまったり、あるいは回復しようとする働きを鈍らせてしまいます。そういう時には何も食べずにひたすら出すことです。何も食べないほうが回復が早く進みます。

今の人はほとんどがすべてに過ぎています。子どもはもう自ら「出して」います。身体から病気を通して出す、暴れて出す、いろんな行動を通して出す。ところが、大人はさらに詰めてしまっているのです。治療で押し込み、栄養剤でさらに詰め込み、高カロリーの食事を詰め込み、しつけで詰め込み、教育で詰め込んでいます。

生命からの訴えですから、出すことが大事なんです。出さないと治らないんです。取り込み過ぎると、生命は健康に営めず、心身は安心のうちに育つことができません。取り込み過ぎ、押し込み過ぎては、生命は困ります。心身は壊れます。

田んぼにて
妻と子どもたち

第三章
「気づき」から「智恵」へ

学びの場が生まれる

自給自足の体制が整ってから十年間は、黙々と農業をやっていました。僕は自然の営みに添った農業がやれて、そこで育ってくれるものを食べれればいいと思っていただけでしたから、特に人に伝えようとは思っていませんでした。

もともと専業農家ですから、僕は自然農で自給することができ、そして安全な食べ物を求める人にも買っていただければそれだけで嬉しいと考えていたのです。

でも僕のやり方は大きな農業機械や石油に依存しませんので、広い面積はできませんし、直接売っていくには値のつけ方等が難しくもあり、なかなか自活の道が見い出せないで困っていました。

そんなある時、野草社の石垣さんという方に出会いまして、雑誌『八〇年代』に自然農の紹介を連載することになったのです。そして連載をまとめる形で『妙なる畑に立ちて』を出版することができました。

雑誌に書きはじめましたらいろんな方が見学においでになられて、一人ひとりには応じられなくなってきましたので、日を決めて見学していただくことにしました。

見学に来られる方の中には「体験したいのだけれども土地がない」という方がたくさんおられましたが、僕の所では受け入れるだけの土地もありませんでした。

そんな頃、見学に来られました大阪の傍島咲子さんという方が「三重県の赤目という所に、今は使っていない田んぼがありますので、学びの場に使って下されば」と申し出てくださいました。こうして赤目の土地と出会い、「赤目自然農塾」ができました。

赤目塾は、一年間通っていただいて実際にお米づくりを体験していただく場です。

赤目塾に来られた方はほとんどが都会で生活されている方です。定年退職を迎えられた方、家族ぐるみでこられる方、若いご夫婦、年をとられた御夫婦、友だち同士でなど、さまざまです。若い方が多いのには僕も驚いています。農村青年の農業離れの時代です。農の心の改革は都会人から、の感がいたします。

そして、赤目塾に通われている方々が中心となって、「赤目の集い」が毎月一回、一泊二日で行なわれるようになりました。場所は傍島さんが経営されておられる会社の山荘で、実費だけをみんなで出して使わせていただいています。

現在はこの他に、自宅での隔月一回の見学会をはじめ、二カ月に一回一泊二日の合宿会「川口さんを囲む会」、年一回の勉強会「妙なる畑の会」などができています。

（二〇二三年一月現在、開催している学びの場については巻末の著者プロフィールを参照）

僕のところには、ときどき、弟子にしてほしいとか、泊まり込みで農業を教えてほしいとか、かなり思いつめた人が来られることがあるのですが、僕は教える力がないことも教えることの難しさも、そして家族の者たちの大変さも知ってますから、一切それらを引き受けていません。

でもそういう方たちには見学をしてもらったり、共に学ぶ場としての合宿会や体験の場としての赤目自然農塾などに参加していただいています。もちろん求められれば教えることもしますが、上から教える立場には立たないでいます。

赤目塾では、共同の作業で学ぶのではなくて、自分ができると思う広さの土地を決めて、そこを自分で一年間面倒をみるという方法をとっています。

場所も自分で気に入った場所を選んでいただき、一人では心細いという方はグループでやっておられます。作業に出る日も自由です。すべて自由に任せました。

しっかりとした理念があってこういう形を決めたというわけではないんですが、いろいろある組織体、共同体や学校の過《あやま》ちを見ていますので、同じ過ちには陥りたくないとの思いだけは持ち続けていました。その上で僕が取り仕切らないで任せておきましたら全てがうまく出発しました。

場所を決めるにしても、笹がものすごく茂った場所は、一番エネルギーのある方が自然に選んでくださり、先頭切って草を刈りはじめ、スタートのきっかけをつくってくれました。

入口の場所は「あの方があの場所にいてくれたから、安心して水の管理をみてもらえたな」と後で思えるようなご家族がちゃんと選んでくださるなど、都合良く思えるようなことばかりが自然と展開したのです。

任せましたら、自由を得た本人は自分で責任を持たなければなりませんし、自分で判断しなくてはならず、自立せざるを得ないのです。

共同作業にしましたら、自分でこうしたいと思うこともできないことがありますし、判断を迫られることもなく、曖昧になって、譲り合ったり無責任になったり、悪くすれば足の引っ張り合いになってしまいます。

そして、生命からの深い体得ができないんです。ですから、基本的には個々に任せきり、その上で助け合い、補い合っています。

赤目の土地での学びの場

大いなる生命が、木々草々を生み、鳥、獣を生み、人を生み……。
人に生まれて久しく、私に生まれて数十年……。
人に生きてそれぞれの道……。
私の完結へ、今日もいろんな人が、いろんなことをして、終わることなく……。

葛藤の中から気づきは生まれる

僕は、自然農と漢方医学の両方から、「よけいなことは何もしない」「本人の自発性に任せる」ことの意味に気づきました。だから人に自然農を教える時もほとんど何もしないのです。

一応基本となる共通の形を実際にやることによって示しますが、それ以上に手とり足とり教えるようなことはしませんので、みなひとりで始められます。あれこれ行動する中で、自分で楽しまれ、苦しまれ、そして気づかれるのです。

こうしなさいと言っても全然言うことを聞かれない人もおられます。うっかり言ったら、ますますだめなことをされるのです。そしてだめなことをして苦しまれるのです。いろいろなタイプの方がおられますが、自立の過程として当然の姿と思います。

自然農は天地自然の理《ことわり》、生命の理に基づいて、それに添った形をとっていきます。ですから、その都度説明をしながらひとつの方法をとります。まず具体的な形からわかってもらうようにもしているのです。

たとえば赤目塾では、八年間放置されて荒れ地になっていた土地を田んぼに戻すところから始めました。やりはじめますと、見ていて我慢できなくなって、説明の途中でも自分で思い思いにやりはじめる人が出てきました。最後まで見ていられないんです。

最後まで見ている人もいますし、最初から話も聞かないで始めてしまう人など、いろいろな方がおられますが、それもそれに任せます。

そうして形を示す中で、時々「ここはこうするんです」と修正していきますが、ほとんどは修正もしないで、自らが選んだ結果までを体験してもらうようにしています。その人の心から出た姿・形ですので、それを大切にしたいと思っています。

僕のやり方では、作物のまわりの草を刈ることがあります。草は田んぼの外へ片づけず、作物のまわりに敷いてやります。

けれど現代的な考え方で育っている人は、そう説明しても掃除してしまいます。刈った草を全部田んぼの外へ出し、田んぼを西洋風の公園みたいにきれいにしてしまうのです。そういう人には「生命のめぐりを大切にするのですから、亡骸《なきがら》をも大事にし、その生命が一生をまっとうできるところに置いてあげるんです」と説明しますと、「わかった」とおっしゃるのですが、いざ行動になると、頭でわかっても身体が動きません。そして葛藤が起こるんです。

僕はそれもそれで任せておきます。そうやって一年も葛藤されると、その方自身が田畑から学ばれ、いろいろ気づかれ、成長されます。生まれ出ずる苦しみ、葛藤の苦しさを避ける人は、成長もそれまでです。そういう方もおられます。

また、お米をなんとかしようとしたり田んぼをなんとかしようとする方は、いっしょに学んでいる人たちをもなんとかしようとします。学びの場を組織化しようとか統一しようとか、そういう整理をしようとしはじめます。

自分を省みないで、他をなんとかしようとばかりし、集団の中でも葛藤が起こります。「組織化しないといけない。規則をつくらないといけない」等々おっしゃいます。

僕は「そうやなあ、なんとかしないとあきませんなあ」と言いながら、何もしないのですが……。組織やきまりをつくろうとされる方は、集団の中での自分の治め方をまだ知らないのです。周囲を整えることによって自分の心の安定を保とうとされているんです。

その欲求に応じたら全体に混乱を招きますので、絶対にだめなのはもちろんですが、人を導く立場に置かれた者は、そういう状態に陥っている人をもいかに見守ってあげるかが大切です。

お米をどうにかしようとしてはいけないのと同じように、それをしている人をもなおかつ見守ってあげなくてはならないのです。

僕は何も言わないのですが、そうした方がふと自分から「僕はつい管理したり支配したくなるんです。組織が欲しくなる。それがないと不安で、自分の場所がわからなくなるから、決めて欲しくなるんです」と言ったりされます。自分でよく知っているのです。自ずから自分の姿に気づき、善悪正邪の判断も正しく働くときが必ずあるのです。

僕はそういう意見とは反対に、スタートして半年目に、わずかにあったきまりまですべて廃止してしまいました。だから赤目塾には規則とかきまりとかいうものが何もありません。

塾費などは一切必要としません。それぞれの役目も何も決めていません。他人のことまでやりたい人、やれる人がいればその人に任せればいいし、その人がいやになったら他の人に引き継げばいいと、何も決めないのです。

そうしておいたら、必要が生じた役は自ら引き受けてくれる人が必ず出ます。中には「せめてお礼くらいとってくれないと気持ちが治まらないから、決めて下さい」とおっしゃる方もいますが、僕は「それはあなたの問題だから、あなたが解決してください」と言っています。治まらない自分の気持ちを、本当に治まるように答えを出していく、自分のあり方の中で答えを出していくわけです。

こうした学びを大切にしています。そして、学びの場はみんなでつくるもので、必要があればみんなで続けていくもの、という性格のものにしたいと思っています。

また、中には「川口さんの考え方は性善説に基づいている。でも、根底は善ではないこともある。払わなくてもすむようにしたら、きっと払わない人がいるから、塾が維持できなくなる。だから決めたほうがいい」とおっしゃる人もいます。

なるほどそれはその通りですが、それも小さな分別です。それで治まるものはたいしたものではないのです。決めたりしなくても必ずうまくいきます。そして、しないほうがもっとうまくいって、もっともっと多く深く学べる場になっていくのです。

今の時代に必要なのは、そういう小さな分別のある生き方ができる人が育ってくれることではなくて、心の自由人が育ってくれることなのです。

道を失った人間がつくった法《のり》を超えて、宇宙の法を知り、天地自然の法を解し、人の生き方を悟れる人、他の生命を生かせる人、お米を生かし子どもを生かせる人が育ってくれることが大切です。

そういう人が育ってくれなかったら、僕が学びの場を始めた意味がないと思っています。技術習得の学校はいくらでもあるのですから。規則を必要とする人ではだめなのです。

これはいつの時代にも当然必要なことですが、今日人類が抱え込んでいる諸々の問題を解決できる生き方ができる人、あるいは指導していける人に育っていくためには欠かせぬことなのです。

繰り返しながら「わかる」

僕が僕のやり方を伝えるためにやっているのは、一人ひとりに、繰り返し繰り返し同じことを伝えていくことだけです。

たとえば、耕さなくてもいいという理を説明します。その時はわかるのですが、しばらくするとまた同じことを質問されます。でもそれを何度も繰り返して僕が答え続けていると、もうその質問がなくなります。

ということは、頭の中がその答えと同じ波長になるのです。答えを出す僕の智恵と同じ波長になってしまうわけです。最初は理屈だけがわかっているんですが、僕が感じていることと同じ波長になるのです。

頭がそういう波長になれば、身体ではたくさん経験していますから、本当にその人のものになるのです。そうして初めて理を解せる人になるのです。

僕も、古典医学書を開いていて「なるほどそうだな」と合点している時は、そのことを書いている人と同じとらえ方をしているんです。同じ境地に立っているわけです。でもすぐに忘れてしまいます。あるいは理解できなくなります。境地が低くなり、智力が曇るのです。それを何度もやっていくうちに、それがゆるがないものとなっていきます。

そうやって覚えたことは、身体が自然に一番いいところへ動いてしまうようになるのです。疑わずに直感的に正しい判断をしてしまうようになるんです。繰り返しが大事なんだと思っています。

そのためには、同じ質問にもていねいに答え続けてあげることが大切になります。そうやっていると、同じ質問をしておいてすぐに、答えを聞く前に「ああ、そうでした。わかりました」と恥じ入られる姿に出会うことがしばしばとなります。

わかっていたのにパッとわからなくなる。それで一生懸命ですので、すぐに質問される。質問を発したとたんに、もうパッと理解できたのです。繰り返しの結果です。

求めているうちは、本当の智恵は目覚めない

僕は自然農や漢方治療を通して、生命は良いほうにしか展開しないことに気づきましたが、それは精根尽きて途方に暮れた結果、次第にわかっていきました。化学肥料や農薬を使っていることが本当に怖いのだということを、自分の身体を通してわかりました。

怖いことはしたくないし人にも食べてもらいたくないということでやめたのですが、やめただけで、自然の理を深くわかっていたのではありませんでした。

農業を切り換え、自分の病気は自分で治すしかないということをやっていく中で失敗を繰り返し、これで正しいのか誤っているのか判別できず、途方に暮れながらだんだんに気づいていったのですが、さらに深く気づいたのは、親しい友人から病気の相談を受けたり、自然農のことを人に話すようになってからです。

当初は深い理や法はわかってなかったんです。僕は食べられればいいと思っていましたから、自給自足の体制が整ってからは、それだけで事は足りていて、気づきが深まっていく必要がなかったのです。

立場が受ける側から与える側に変わって、そこで初めて本当の智恵に目覚めていきました。

求めているだけのうちは本当の智恵は目覚めないのだと思います。

自分のことだけやっていると、気づきに限界があるのです。

与える側、教える側、親の側に生きることによって、真の智恵が働くようになるのだと思います。

僕には、自分を救えないうちは他も救えない、自分を治めなければ他を治められないという強い信念がありました。だから、まず自分のことをしっかりしたいと思い、それに徹していました。

ところが、自分のことに一生懸命になっている時は自分の問題の答えが出なかったのに、他の人のことに一生懸命になっている時に、ふと自分の答えに気づいたんです。

友人知人の病気のことに一生懸命になって、自分の身体のことをあとにしていた時に、ふと自分の病気はこうやって治せばいいのだという答えが見つかりました。智恵が深く働くようになったのです。自分への執着が、智恵を曇らせていたのでした。

とどのつまり、最後のところで自分が救われるかどうかは、自分を超えて他のことに心を思いやれるかどうかにあるのだと思います。こうした心は、他を導く立場のところで養われるのだと気づきました。

他人の病気の相談にのり、求める人に道を示してあげ、方法を教えてあげ、田んぼでお米が元気に育つように手を貸してあげ、というふうに、他を生かす中で自分も育ち、生かされる。

他を救うことによって自分も救われていくということに気づきました。

順序としたら、自分を治めないと他を導くことができないというのが基本なのですが、最後の一線は、自分を省みずにいるところで必要なものが養われるのだと気づきました。

だから、求めているだけ、あるいは自分のことだけしか考えない時には、どうしても本当に優れた智恵が働かず、それがどうしてもわからないんです。

自他の別のない絶対の境地に生きる時、初めて全智全能が働いてくるのだと思います。


一人ひとりの生命は生まれた時に始まりますが、生命にはつながりがあります。僕の生命の前には過去の生命の集積があって、それがプラスされています。小さな自分だけの生命だと、小さな一生で終わるのだと思いますが、過去の生命が積んできたものを無駄にしないで引き受けることによって、親以上、過去の人たち以上に成長できるのだと思います。

現代人の多くは「個」から出発します。自分が生きることしか問いません。その個を超えた時に初めて、いろんな生命の理・自然の理に気づけるのだと思います。

それはすべての人の生命の中に持っている、大いなる智力能力の働きだと思いますが、それが働くかどうかなんです。

他を引き受けることは、献身とか自己犠牲とかいうものではありません。自己犠牲から出発したとしても、それを超えたところにあるのだと思います。

自己を犠牲にしないで他を救える、そして自分も救われるものだと思います。

あるいは、自分のことしか考えないところから出発しても、やがて自分の生き方の中に他も含まれるようになれば、真に自分を生きることができて、かつ他も救える、そんなふうに展開していくのだと思います。

自他の区別なきところに生きる時に救われ、生きられるのです。

本来より生命は自他の別なきところにあるからです。

生命は根底はひとつであって、その上で個々の生命であるからです。

私ひとりでは存在しないし、決して生きられないのです。

人の成長は人の判断を超えたところにある

一人ひとりには、それぞれの役目があります。

多くは関わっていく中で気づき、悟り、志を持たれて自立して、役目についていかれますが、中にはいつまでも頼られる方もいます。

自立していかれる方か、あるいはいつまでもどこかに依存し、頼られる方かということは、その人の「素地」に関係しているのだと思います。

しかし僕は、どんな人にも優れた素地があり可能性があると思います。目覚める可能性は常にあるのです。

それは自らが内に秘めてもっている生命であり能力であり、智力です。結局はその人その人の生命の中で気づいていくのです。人の成長は人の判断を超えたところにあります。

僕の成長過程から言えば、僕はいつも追いつめられて目覚めていきました。農薬で身体を壊して生命が危うくなり、妻や子どもたちの危機に出会い、農法を変えれば失敗の連続で生活に窮し、そういう中で気づきが生まれていきました。

でも、追いつめられなくても志を持てば目が開いていく人もいます。

というのは、たとえば他の分野での気づきがあったり、幼年時代、少年時代、青年時代に何かがあったり、あるいはその人の人生ではなく両親に何かがあって、両親の続きとしてその人が生まれていたりするからです。すでにそうした危機を、いつかどこかで通り越しておられるわけです。

だから僕は、今ここにいるその人だけでなく、そういうめぐりの中で考えています。

ですから僕は、この人には素地がないから引き受けないというようなことをしていません。すべて「縁」というふうに考え受け止めています。

人の出会いには偶然ということはないのです。

きょう皆さんにお会いしてお話しする機会が持てたことも偶然ではありません。きょうここに来ることを一人ひとりが選び、そしてめぐり会うべくしてきょう出会っているのです。だから、僕は選別しないようにしています。

中には全然気づいてくれなくて、ほとほと困る場合もありますが、しかしそういう中で僕が育てられているのだと考えています。

ものすごく大変な思いをしますが、その時に僕は育てられているのです。僕の能力が試され、養われているのだと思っています。

そこで僕が断ち切ってしまったら、僕は育ち学ぶ機会を自ら絶ってしまうことになります。そして、どういう人でも、僕がその人をなんとかしようという思いがなくなって気にならなくなると、自らの生命の営みの中で、気づいていかれます。

すべての人たちが救われたい、平安を得たい、成長したいという、深い願いと希望を抱いて日々を生きておられるのだと思います。

一人ひとり通らなければならないところがあり、それを短期間で通るか長い年月を要するか、あるいは今の一生では通れないこともあるのかもしれません。

でも常に可能性があります。誰でも、志を持てば、僕が気づいたようなことは気づけると思います。もっともっと深く広く多くのことに気づき、識り、悟っている人がたくさんいます。

僕はそうした人たちのように、どんどん成長していきたい思いでいっぱいです。

また僕は、しなきゃならないことをしていたら、必要なものは必ず後からついてくる、飢え死にすることはないという考えでいます。

それで食べていけなくなるのは、しなければならない自分の役目をしていないのだと考え、それに徹していきたいと思っています。

赤目塾がうまくいくかどうかも同じです。自分の役目をしっかり悟った上で役目を誠実に果たしていこうと思っています。

知識は判断をくもらせる

自分ひとりの八十年そこそこの人生の中で気づくことはわずかですが、過去の人が長い歴史の中でいろんなことに気づいてくれています。そしてそれを古典書として残してくれています。

そういうすばらしい書物に尋ねると、自分の身体の中に過去のすべてのことが蓄えられていますから、合点がいき、気づいていくことができます。

しかし、いろんな知識はあるほうがいいのですが、あるいは、なかったら実際に手を出すことはできないのですが、知識があるだけでは真に導くことはできません。

法を究めて用いないとすべての人には添えません。特に、上に立つ人は、究めないといけません。

さらに正確に申しますと「すべてがわかる、すべてを見通せる、本体を究めることができる、智恵が働く」ということが大切になります。

知識を得たら究まってくると思ってしまいがちですが、知識は邪魔します。知識を得れば得るほど真理を究める智力は低下し、判断する能力は曇ってきます。知識は必要です。しかし知識が生きるかどうか、生かせるかどうかです。知識に頼らないで、澄んだ心の状態で、事々の奥にある理を察知し、どうすればいいかを判別できることが大切です。

「自然の法に添った農」の基本は、その人自身が自分の土地にあったやり方を見出せる智恵を働かせていくということです。

漢方治療の基本も、その人の身体に耳を傾け、その人の身体に必要な薬を判別していくことです。

決まったやり方や方法、形式をこちらから用意していって、生命をそれに従わせることになってはなりません。その人の生命の要求に応じることができる智恵が働かないといけません。

一人ひとりそれぞれによって応じ方はすべて異なります。

生命の営みに任せ、あるがままを受け止め、よけいなことをせずに見守り、そして必要最小限の手助けをするということがどんなことなのか、それを判断する智恵を働かせることが大事になります。

そうした智恵はいずれの世界においても必要です。

農業の世界でも、医学の世界でも、教育の世界でも、子育ての世界でも、政治経済の世界でも、芸術の世界でも、根底はみな同じ理のなかにあります。

そしてそれは、少し目を開けばすぐにわかってきます。生命の営みに目を向け、志しを持てば、誰にでもわかることなのです。

曇った目ではいくら開けていても見えてきません。わかろうと思わなければわかっできません。その上に真眼が開き、真の智力が働くかどうかは、身体の健康や心の状態、精神の内容、思いの深さ等々、その人の人間性に関わっていると思います。思いが邪で心が曇り、精神が低く魂ふぬけならば、智力能力は錆《さ》びて働きません。真理を究める本来の智力は、すべての人が兼ね備えています。それが目覚めて働くようになればいいわけです。

調子が良くない時には、田んぼに入っても、ああしようかこうしようかと困ったり迷ったりすることがあります。田んぼに入れる水を増やそうか減らそうかなど、大小にとらわれ、相対の世界に入ってしまうのです。

全体を見通しているのではなくて、部分にとらわれてしまっているのです。そういう時は、知識を頼りにして判断しようとしてしまいます。

知識に頼って判断をした時は、大抵うまくいきません。

田んぼに入って立っていたら正しい答えが出るようになるというのは、相対の世界に落ちないで、あるいは部分に落ちないで、絶対の世界、あるいは全体の世界から判断が下せるようになるということです。

そうすると、もっと大きな智恵が働くようになるのです。直感とか勘とかに相似《あいに》たものかもしれませんが、究め通した上で判断を下すことができるのです。

僕は、そういう判断ができるような状態でいられるように努力しています。真の大いなる智恵が働く状態です。

努力と言いましても特別なことをするわけではないのです。ごくごく当たり前の生活をする中で、いい智恵が働くような状態になるようにします。寝る時間には寝て、起きる時間には起きて、掃除をして、朝食を済ませてから田畑に向かいます。

特殊なことをしないで、怠惰にならないで、安易に流されないで、我欲、小欲に流されないで、食べすぎないで……、そんなふうに、ごく当たり前の生活です。

机に向かって文章を書く時でも、なかなかいい文章が出てこない時は、ちょっと座り直して、背骨を伸ばして二〜三回空気をいっぱい吸うだけでも、ぱっと変わります。

ですから、素晴らしい哲学や思想があるからうまくいくというのではなく、ごく基本的な、簡単なことができていたらうまくいくんです。

状態が悪かったら、いかに知識があっても、優れた哲学・思想があっても、全然役に立たなくなってしまいます。

勘が働くとか、自然の営みを聞きとる力が働く、神に通じる力が働くというようなことは、そんなふうなものだと思います。

でも、僕がこんなふうに考えるようになるまでには、ああでもないこうでもないという相対の世界や、部分にとらわれた中で、混乱、混沌、迷い、苦悩の疲れきった世界に随分と長くいました。ほとほと疲れ切って、やっとそれを超えた行動ができるようになってきたように思います。

生かし合う喜びの中で

僕のやり方を見学や勉強にこられる方の中には、農家の方もたまにいらっしゃいますが、実際にやられる方は本当に少ないです。

そういう方はわかっておられないのかというと、そんなことはなくて、わかっておられるんです。僕が何も言わなくても知っておられるんです。でも、なかなかやろうとはなさいません。

数年前、インドに行って僕のやり方をお話しできる機会に恵まれまして、ビデオやスライドを使ってお話しさせていただいたことが何度かあります。話のあとで対話になるのですが、「なるほどいいな。でもこんなの村へ帰ってやるのは恥ずかしい、笑われる」とおっしゃるんで、僕はびっくりしました。「恥ずかしい」という感情は日本人の特有の感情だと思い込んでいたのです。僕とまったく同じ感情だなと、急に親しみを覚えました。

そして、人間はみんな同じなんだなあと、別でない人間のことがわかりました。理はわかってもなかなかやれないというのは、案外こういうなんでもないような簡単なところ、単純なところに、動かし難い原因や理由があるのだなあとつくづく思いました。

みんなと違うことをやるのは恥ずかしいという思いがあってやれない。でもそれは何割かの人が始めると、今度は遅れたら恥ずかしい、取り残されると恥ずかしいというようにも変わって、あっという間にみんなやるようになるといった習性があると思います。

自然に添い、生命を大切にした生き方をする人が、どれほど増えていくかどうかはわかりませんが、生命の法に添うあり方は特別なことではありません。やり方さえわかれば誰でも楽しくやれることですから、そんな人たちがもっともっと増えてくるのかもしれないと思ったりもします。

インドにて
一九九〇年一〜二月、
タゴール協会の招待で
自然農を紹介

僕は、自給自足は、他の仕事をされながらでも十分に可能なことだと思います。自給自足の上に立って分業していくのが本来の姿だと思うのです。

僕の子どもにも、専業農家になるかどうかは別として、自分が食べるものを自分でつくるということは、ごく当たり前のこととしてできるようになって欲しいと思っています。

自給自足については、理屈がわかってその方法がわかっていたらいつでも必要な時にできます。耕運機も農薬も肥料もいらない方法でできるという自信が持てたら、日々安心があるのです。

もし石油がなくなる、農産物の輸入が止まる、などということになれば、人々は大いに慌て、大パニックとなるでしょう。でも、自給自足の術が広まっていれば、この大不幸に陥ることから救われるなとも思っています。

また、何も農業でなくても気づきを持てたらそれでいいのです。人生に、すべての仕事に、大いに役立つものです。

僕は、今のやり方に変えてから、農業をやっていて良かったなと思っています。楽しいんです。

失敗の連続の時でも、とれる量には関係なくて、田んぼに行ったらたくさんの生命が栄えていて、気持ちがホッとして、それだけで楽しくなってしまうんです。理がわからない中でもホッとしました。

そして、そのうちだんだんと理がわかっていったのです。農薬や肥料を使った農業をやっている時には、少しでも多くとりたいと思っていましたから、量が減るとがっかりしました。収入が減るからです。

つくっている時は不安にもなりました。出荷のあとまで値段のことで心をわずらいました。

今、量にとらわれることを超えてしまったら、生命が喜んでいるのを感じています。

ひとつだけの生命では生きられない、生かし合う中で生きている。他の生命を生かし合う中でお米が生きていて、そのお米で自分も生かされている。そういう田んぼに行けますもので、農業が楽しくなったんだと思います。

自分だけが、人間だけが、物豊かに物豊かにと、取り込み過ぎて食べ過ぎて、自然界、生命界の掟を忘れ、他の生命を省みず、さらに暗闇に陥り、執着を重ね、滅びへとひた走る今日の生き方ではなく、生命ある地球の上で、あらゆる生命たちと「共に生きていける」「生命を共にできる」「生・死を共にしていける」のが本来の農のあり方であり、すべてのあり方の基本にしなければならない大切な大切なものだと思います。

あとがき

人類が、一人ひとりの人間が、そして私がここまで歩んでまいりました今日、あらゆることを根底から問い直さねばならないことばかりです。

でないと人類が、一人ひとりが、そして私が抱え込んでしまった解決不可能を思わせる難問は解けないと思います。あるいは、あらゆる生命にふりかかっている難問解決への道は見いだせないと思います。

環境、エネルギー、飢餓、人口、食糧、戦争、医学医療、農業、教育、老人、福祉、政治……、いずれに生じる問題をとってみても気が遠くなってしまいます。

そして次々に取り組む解決策は真の解決とならず、一方明むれば一方なお暗くして問題を増やし、生命の危機、人類滅亡をも思わせる難問を積み重ねて、西に東に大加速であります。

本当は、いずれも根底から問いなおせば、難問ではないのだと思います。真に正しい答が必要なわけです。

正しい答は障《さわ》るものなく、最も解きやすくして、必ず解けるものであります。私たちは正しく解くのを避けているのです。正解を好まないのです。

物豊かなところ、安易なところに安住してなお多くを求め、非《あら》ざるところに魂を奪われて解くのを避け、解けないところを解いて自《みず》ら苦しみ、危機を招き、不安に襲われ、混沌混乱に陥っているのであります。

実は、解決不可能の難問は私たち人間であります。

人類が生存するかぎり、生命危機の難問はなくならず、私が生きているかぎり私の難問もなくならないのかも知れませんが、正しい答があるということは光明であり嬉しいことであります。

ある日、何人かの方たちに、農、医、教育の世界を、ほんの一部でありわずかでは

ありましたが、具体的に話をしながら根底を問い直し、答を見出し、その奥にある理《ことわり》をも話しました。そしてこの書を読んで下さる皆様にも話したい思いさらに深くして、言葉を重ねさせていただきました。

是非に耳を傾け、思いを寄せて下さる皆様の智恵と心で深く読みとり、皆様の人生のよき糧《かて》にしていただければうれしいです。

この一書、どうかよい働きをしてくれますように。

次の世代の人たちに向けて――再刊にあたって

一九九三年に出版された『自然農から農を超えて』が、ご縁に恵まれて『自然農と漢方と　いのちに添って』として再刊されることになりました。本当に嬉しくありがたく思います。

『自然農から　農を超えて』は、カタツムリ社のニュースクール叢書のなかの一冊として出版されたもので、以来、三十年間で十数回の増刷がなされ、多くの人たちにその心が届けられました。

当時、カタツムリ社代表の加藤哲夫さん、セルフラーニング研究所代表の平井雷太さん、加藤裕子さん、芦谷美鈴さん、間瀬中子さんが出版にあたって尽力してくださいました。その他、三好正人さん、但田蛍子さん、土井順子さんら多くの方々にも助けていただきました。本当にありがとうございました。

本書は、三十年前の講演を基にして著されたものですが、今回、読み返してみて、当時もいまも考えていることに変わりはないことに、間違っていなかったことにあらためて気づきました。三十年前に紹介したことは真理であり、しっかりと本当のことをお伝えしていたと安堵しています。

さらに今日に至っても、自然農も漢方も宇宙自然界生命界にとって正しいあり方で、真の持続可能な農であり、真の医学治療学であり、一人ひとりにとって、人類全体にとっても欠かすことのできない重要なことであると事実を通じ体験をするなかで強く深く思い感じています。

この三十年、人類のあり方はますます問題を招く方向に突き進み、農においても医においても、さらに混沌混乱の状態を深めています。多くの人々は、正しい答えがあることに気づくことなく、たとえ気づいても生き方を変えることなく、仮の安心のなかに、心の奥底にある不安と悩み苦しみのなかにあるように思われます。

真に救われ、平安を約束してくれる道があるのに、知らず気づかずにいるのは本当にもったいないことであり、残念であり不幸なことであります。

それでも、今日の社会の状況に疑問を持ち、生き方を考え直す人々が増えています。全体から見ればごく少数に過ぎませんが、田舎暮らしを実践して自然のなかで平和に暮らしておられる方、自然農に関心を持って取り組まれる方、自らの生活や生き方を問い直しておられる方々は間違いなく増えています。こうした嬉しい流れが確かにあります。

実際、赤日自然農塾をはじめとして、全国各地にある七十数カ所に及ぶ自然農の学びの場で、たくさんの人々が実践を通して学んでおられます。

自分の食べるものを自分の手でつくりたい、自給自足の生き方をしたい、家族に安心できるものを食べさせたい、あるいは地球環境に負荷をかけない生き方をしたいという深い熱い思いです。こうした人たちの思いは人類全体の幸福につながる問題を解決する大切な答えとなるものです。

漢方学習会では多くの人たちが
病からの自立を目指して学んでいる

そしてすでに、多くの人たちが自立し、それぞれの生活のなかで生命の理を理解し、実践を通して自然に添ったあり方を体験し見事にお米や野菜を育てておられます。農的暮らしと自然生活あるいは自給自足の体制を整えられている方、専業農家として三十年近くも実践をされて消費者との生かし合いの生活を続けている方もおられます。

それは自然農だけではなく漢方も同じです。本書には書かれていませんが、自然農の学びの場だけでなく、古方の漢方医学の学びの場も真の医学を求める人があって始まりました。この約三十五年の間、中国の古典医学書である『傷寒論』『金匱要略』を読み解く講座を、奈良、東京、福岡、宮崎などで続けてきました。

年老いたいまは奈良だけで開催していますが、二カ月に一回、二泊三日の合宿形式での漢方学習会を続けています。漢方の学びは難解ですが、いのちに添い応じた真理のなかでの内容ですので、複雑ではなくわかり始めると理解は勢いづくはずです。

これまでも現在も、生命に添った真の医学治療学を理解するべく、多くの人たちが熱心に通われ、病からの自立を目指して学ばれています。すでに病からの自立をされ、家族の相談に応じ、両親、祖父母、我が子や孫の病気に向かい合い、この医学治療学に助けられている方々がいます。

本書を読み返して、学びの場のあり方についてもあらためて考えさせられました。赤目自然農塾や漢方学習会などの学びの場が誕生し、今日まで続いてきましたが、そういった集まりの運営の仕方、多くの人がおられるがゆえの組織のあり方について大切にしてきたことがあります。

最初の頃から最も大切にしてきたことは組織化しないということです。学びの場が生まれてしばらくの間は人数も多くはなく、役目なども特に必要なく、その時々でそれぞれが動いて必要なことを進めていました。

しかし赤目自然農塾は三百人、四百人と学ぶ人が増えていきました。そうなると役目や務めが必要となってきます。その際、どのような役目であれ、学ぶ人を支配しない、命令しないということを大切にしました。

代表を務める僕自身も、さまざまな役目を担う人たちも、全員が謙虚で驕《おご》らず、役目を果たすだけの力があること、そして必ず自分の成長につながるかたちで役目を果たせるように心がけました。役目はもちろん無償です。

塾生が増えて役目が増えると、役目を担うことが名誉なことだと考えて、役目を与えて欲しいと望む人も出始めました。でもそうした心の人には役目を任せることはしませんでした。役目を名誉あるものとして捉えるのではなく、役目や務めを謙虚に果たしていく心がけを大切にしていくことが重要であるゆえにです。

学びの場の在り方はとても大切です。真の持続可能な農を求める人が解放されたなかで、野菜やお米のいのちに応じた手助けの仕方を学ぶことができる場にしたい。作物がいのちを全うして元気に立派に育つことを手助けできる人を育てる場にしたい。そのために大切なのが組織化しないということです。

形を整え、形式化し、組織化してしまったり、役目を担う人が支配し命令するような心を持ったりすると、人としてのいのちの働かない場になってしまうのです。それは自然に添う自然農の考え方や在り方と同じで、赤目自然農塾の代表者として僕自身も実践し、役目を担ってくださる方々と心がけ合いました。

自然農に関心を持ち学ぼうとする人の多くは経済的にあまり余裕がなく、そのなかで本当の生き方や自然に添った生き方を真剣に求めている人たちです。関東や九州などの遠方から通う人も多くおられ、交通費だけでも大変です。

それゆえ、赤目塾では入塾費や月々の会費などを徴収せず、費用は一切不要としてきました。本文でも触れたように、当初は「それでは維持できなくなりますよ」と心配してくださる方も少なからずおられましたが、その方針を貫き、塾の始まりから三十一年、破綻することなく多くの人が学ぶ場としていまも続いています。

とはいえ、地主さんへの地代や獣害対策などそれなりの経費は必要でした。その経費に関しては、当初無記名で、金額も書かずに入れることができる箱を設けました。

みなさんそれぞれ、自分のできる範囲で入れてくださり、それで充分に今日までまかなえてきました。自分たちの学びの場は自分たちで支える、その自立の精神を大切にしたあり方です。

その他、実践に共感して外部から寄付やカンパを申し出てくださる方もおられました。行政や財団などの補助金を申請してあげましょうというお話も何度もいただきました。ですが、自立のための学びの場でありたいということを説明してすべてお断りしてきました。

僕は今年で八十三歳となりました。でもまだ田んぼに行くことはできています。それはもちろん、経験豊かな十数名の方たちに助けられてのことですが、お米を育て、畑で野菜や果物を育てる生活を続けており、そのなかで気づいたことや生じる問題の解決に向けての発信もしています（ホームページ「自然農・いのちのことわり～田畑における具体的問題と解決～」参照）。

赤目自然農塾の代表は退きすでに次世代に任せていますが、自宅で田畑の見学学習会は二カ月に一回開催していて、現在も続けています。年を重ねたことでずいぶん身体が思うようには動かなくなってきました。それでもいまの僕の暮らしはやはり自然農と漢方に支えられています。

田んぼに出てお米を育て、畑で野菜や果物を育て、身体の調子が悪い時には『傷寒論』『金匱要略』を紐解き、生薬の助けを借りて立て直して健康体を取り戻し、自らの務めを果たし課題に向きあう日々にいます。自然農と漢方に支えられていまを生きており、いずれもいのちを正しく支えてくれるもので本当にありがたいです。

子どもたちや孫たちもその都度、漢方生薬の働きに助けられています。原因がコロナウイルスであれ敵視しないで、病におかされた身体を問い直し改め直し、健康体を取り戻すのが漢方の治療です。

すべての病気において生薬の働きで問い直すことによって病気を根本から治癒できるのです。そうした本当に真の医学に出会うことができて本当にありがたい日々を過ごすことができています。

本書の再刊にあたって強く思うのは、自然農も漢方医学も、一人の人間にとって、あるいは人類全体にとって、大切な農であり治療医学であるということです。そして、残された限られた時間のなかで、自然農と漢方医学について、次の世代の人たちにしっかりと伝えることが自分の役割であると思っています。

僕なりに経験してきたことを、四十四年間の気づきによる大切なことを、そして、もちろん古典書を介して授かり受け取った先人の努力と智恵をもらい受け得たうえで、具体的に僕が経験したことを含めた言葉を通じて、書物を通して、あるいは勉強会において、さまざまなかたちで伝えていきたい。そのような思いと願いで取り組んでいます。

自然農については、その理や考え方について、お米づくり、野菜づくり、果物づくりといった具体的な方法について、いろんな書物を著す機会に恵まれてきました。漢方医学についてはなかなかまとめることができずにいたのですが、本書と同じく言視舎から、もうすぐ解説書が出版される予定となっています。

『傷寒論』、『金匱要略』の世界を伝えたい、その世界の奥深さと読み解き方をしっかりと自立を願う人に伝えたい、病気で悩み苦しむ人たちを救うことを志しておられる医師の人たちにも伝え誘うべくの書物を著しておきたい、そういった思いで準備を重ねてきて、ようやくにしてまず『傷寒論』の解説書がかたちになろうとしています。

本書にも漢方医学の基本となることを書き示していますが、より詳しく丁寧に漢方の理を説明し、古典医学書の読み解き方を解説した「叢書 古方漢方の世界」の一冊目です。続けて漢方の世界観や診断の仕方、家族の治療例、生薬の解説などを収録した二冊目を予定しており、さらに『金匱要略』の読み解き方を示したものなどを著すべく取り組んでいます。

本書の再刊は、この「叢書 古方漢方の世界」を準備するなかで立ち上がった話でした。再刊を企画して下さった言視舎の杉山尚次さんにあらためて感謝を申し上げます。ありがとうございます。

新たな書名と装いを得たこの一書が、これからも素晴らしいよき働きをしてくれますようにと願い、祈る思いでいます。

老年期を生きる冬のはじめに

令和四年十二月十日

川口由一

川口由一（かわぐち・よしかず）

奈良県桜井市在住。1939年、農家の長男として生まれる。小学6年の時に父親を亡くし、中学卒業と同時に専業農家となる。化学肥料、農薬、機械を用いる農業によって心身ともに損ねるなかで、生命を侵し、環境を壊し、資源を浪費する農業の誤りに気づき、38歳の時から独学で漢方の古典書を読み解く学びと実践を始める。同時に、「耕さず、草や虫を敵とせず、農薬、肥料を用いない」自然農に取り組み、試行錯誤を繰り返すなか、いのちの営みに添う自然農の理と栽培技術を確立する。

著書『妙なる畑に立ちて』の刊行をきっかけに田畑の見学や教えを求める人が相次ぎ、自宅での見学会、1泊2日の合宿会を始める。1991年、実践を通した学びの場を求める声に応じて「赤目自然農塾」を開くとともに「妙なる畑の会・全国実践者の集い」を始める。

各地で自然農や漢方を学ぶ場が次々に生まれ、実習指導に赴く。インドやタイにも足を運んで自然農を紹介し、各大学でも講義と実習を受け持つようになる。著作や記録映画『自然農　川口由一の世界　1995年の記録』やビデオを通じて自然農を学び、実践する場は国内外に広がっている。

2014年、発足以来指導してきた「赤目自然農塾」と「妙なる畑の会・全国実践者の集い」の代表を次世代に引き継ぐ。現在は、自然農を学ぶ「妙なる畑の会・見学会」、古典医学書『傷寒論』『金匱要略』を通じて漢方（古方）を学ぶ「奈良漢方学習会」をそれぞれ隔月で開き、心豊かに生きていくための総合的な学びの場「乾坤《けんこん》塾」を年2回開いている。

〈著書〉

『妙なる畑に立ちて』野草社、1990年（韓国語版2000年）
『自然農から農を超えて』カタツムリ社、1993年
『自然農――川口由一の世界』（鳥山敏子氏との共著）晩成書房、2000年
『子どもの未来と自然農：川口由一 自然農・子育て・家族を語る』
（鳥山敏子氏との共著）、フィオーナ（東京賢治の学校）、2001年
『自然農への道』（編著）創森社、2005年
『生命のかがやき――農学者と4人の対話』
（中井弘和氏、千葉茂樹氏、高木善之氏、龍村仁氏との共著）野草社、2006年
『自然農という生き方』（辻信一氏との共著）大月書店、2011年
（中国語簡体字版2014年、韓国語版2015年）
『自然農にいのち宿りて』創森社、2014年
『完全版　川口由一　自然農』学研、2019年（新版ワン・パブリッシング、2021年）

〈監修〉

『自然農・栽培の手引き』南方新社、2007年（中国語繁体字版2017年）
『自然農の野菜づくり』創森社、2010年
『自然農の果物づくり』創森社、2012年
『自然農の米づくり』創森社、2013年
『はじめての自然農で野菜づくり』学研プラス、2013年
『誰でも簡単にできる！　川口由一の自然農教室』宝島社、2013年（韓国語版2022年）

〈映像作品〉

記録映画『自然農　川口由一の世界　1995年の記録』（グループ現代+フィオーナ）

DVD『川口由一の自然農というしあわせ with 辻信一』（ゆっくり堂）など。

記録映像『持続可能な農業「自然農」（川口由一）』、『自然農いのちの楽園』

（Youtube チャンネル Tsutomu Yamada - Kumada 制作　再生リスト「自然農・川口由一」）

記録映像『真のサスティナブル川口由一の自然農 1～6』

（Youtube チャンネル Group Gendai 制作）

〈運営サイト〉

赤目自然農塾

自然農・いのちのことわり～田畑における具体的問題と解決～

装丁……佐々木正見
写真協力……川上悠介（135 頁）、吉田弘一郎（カバーソデ、150 頁）
編集協力……川口陽徳、片岡義博、三輪淳子、田中はるか
DTP 制作……REN

※本書は『自然農から　農を超えて』（カタツムリ社 1993 年刊）の改訂版です。

自然農と漢方と　いのちに添って

発行日❖2023 年 1 月 31 日　初版第 1 刷

著者
川口由一

発行者
杉山尚次

発行所
株式会社言視舎
東京都千代田区富士見 2-2-2 〒 102-0071
電話 03-3234-5997　FAX 03-3234-5957
https://www.s-pn.jp/

印刷・製本
㈱厚徳社

ISBN 978-4-86565-241-3　C0036